北京市属高等学校创新团队建设与教师职业发展计划项目资助
（The Project of Construction of Innovative Teams and Teacher Career Development for Universities and Colleges Under Beijing Municipality：IDHT20130512）

地下连续墙设计施工与案例

王银献　刘　军　主编

中国建筑工业出版社

图书在版编目（CIP）数据

地下连续墙设计施工与案例／王银献，刘军主编．—北京：中国建筑工业出版社，2014.7

ISBN 978-7-112-16789-0

Ⅰ.①地…　Ⅱ.①王…②刘…　Ⅲ.①地下连续墙—建筑设计—案例②地下连续墙—建筑工程—工程施工—案例　Ⅳ.①TU476

中国版本图书馆CIP数据核字（2014）第085535号

本书紧密结合我国当前地下连续墙的发展特点，参考国内外在地下连续墙方面的有关资料，收集近年来在地下连续墙领域中设计与施工的大量成功案例，系统地阐述了地下连续墙用于防渗、支护和地下结构等方面的设计与施工技术。内容包括：概论、地下连续墙设计、施工技术以及施工经典案例等，是一本地下连续墙设计与施工方面不可多得的专著。

本书可作为土木、建筑、交通、水利、市政、地铁等行业从事土建工程设计与施工等相关技术人员的参考用书。

*　　*　　*

责任编辑：田启铭　李玲洁
责任设计：董建平
责任校对：陈晶晶　刘　钰

地下连续墙设计施工与案例
王银献　刘　军　主编

*

中国建筑工业出版社出版、发行（北京西郊百万庄）
各地新华书店、建筑书店经销
北京千辰公司制版
北京市密东印刷有限公司印刷

*

开本：787×1092毫米　1/16　印张：9½　字数：237千字
2014年8月第一版　2014年8月第一次印刷
定价：**29.00**元
ISBN 978-7-112-16789-0
（25587）

前　　言

自1958年我国水利部首次采用桩排式混凝土地下连续墙作为防渗芯墙并获得成功后，目前地下连续墙已广泛应用到建筑地下基础、深基坑支护结构、地下车库、地铁、地下城、地下电站及水坝防渗墙等工程中，并随着地下连续墙设计与施工技术的不断发展，地下连续墙不仅用于传统的临时挡土、挡水支护结构，而且还用于承受永久荷载，集支护、结构、承重于一体的，所谓“二墙合一”、“三墙合一”的结构式地下连续墙等永久性地下结构墙领域中。如位于南京的江苏检察院办案技术楼地下室采用了集挡土挡水、地下室结构外墙、承重墙“三墙合一”的地下连续墙结构；天津第一高楼——天津津塔地下室采用了集基坑临时支护、结构外墙“二墙合一”的地下连续墙结构，大大降低了地下连续墙作为临时支护墙体的使用成本，使得地下连续墙在地下工程应用中更显优越性。

本书紧密结合我国当前地下连续墙的发展特点，从设计、施工入手，参考国内外在地下连续墙方面的有关资料，收集近年来在地下连续墙领域中的大量实践成果，特别是一些代表当前国内地下连续墙在地下结构墙方面设计与施工的成功案例，系统地介绍并阐述了地下连续墙用于防渗墙、支护墙和结构墙等方面的设计与施工技术。希望能给同行提供有关地下连续墙设计、施工、推广应用等方面的实用资料，以资在工程中参考使用。

由于编者水平有限，书中不当之处在所难免，敬请读者批评指正。

编　者

2013年5月

目　录

第一章　地下连续墙概论

1.1　地下连续墙的发展概况

地下连续墙施工法起源于欧洲，1920年德国开始用此方法施工，提出在两侧打入一种圆管，在中间再打入一个鼓形套管，并填充混凝土，然后借助压缩空气拔出套管并振捣混凝土，形成了地下连续墙。这是世界上首次出现的有关地下连续墙的专利。从这以后，美国、法国、意大利等国相继开发应用了地下连续墙，特别是在1950~1960年的10年间，地下连续墙这项技术随着二战结束后的经济发展而取得惊人发展，挖槽机械、施工工法和膨润土泥浆等在地下连续墙中得到了广泛的应用，其中意大利的依克斯（ICOS）公司把它成功地应用到地下工程的各个领域。1954年，真正的地下连续墙“槽板式地下连续墙”开发成功，之后地下连续墙在世界各地得到了广泛推广与应用。

进入20世纪60年代以后，各国大力改进和研究挖槽机械和配套设备，大大提高了地下连续墙的施工效率，并向着更深、更复杂的目标进军。特别是德国、意大利和法国在这个行业中的竞争能力最强、制造技术最先进，目前最先进的挖槽机械液压抓斗和双轮铣均产自德国和意大利（参见图1-1）。在施工技术方面，由意大利和法国公司于20世纪90年代初期建成的、位于阿根廷和巴拉圭交界处的雅绥雷塔水电站土坝下防渗墙，面积达90万m^2，是目前世界上最长和面积最大的防渗墙，它的墙体材料是无侧限抗压强度仅为100kPa、渗透系数为10^{-6}~10^{-5}cm/s的自硬泥浆。而加拿大在水电工程中施工的地下防渗墙深达131m，是目前世界上最深的地下连续墙。

图1-1　意大利地下连续墙抓斗

我国水利部在1958年首次采用桩排式混凝土地下连续墙作为防渗芯墙并获得成功，其后在数十项基础工程中推广使用。例如在青岛的月子口水库以及北京、云南、贵州、广东、广西、吉林、江西的多项水利工程中，使用地下连续墙工法建造了蓄水库大坝的防渗墙，取得了良好的技术和经济效果。随着地下连续墙技术的不断发展，该项技术由水利工程的防渗墙逐渐推广到城市建设等领域。20世纪70年代末，地下连续墙技术在上海、天津、广州、福州、台北等沿海城市地下工程施工中得到应用，并得到不断发展和完善。近年来，开挖深度在10m以上的深大基坑，绝大多数都采用地下连续墙作为围护结构的护墙。目前地下连续墙的最大深度可达136m，厚度最大约为2.8m，墙体体积已达几千万立方米，施工垂直精度可控制到1/1000～1/2000。

1.2 地下连续墙的分类与特点

1.2.1 地下连续墙的分类

虽然地下连续墙已经有了50多年的历史，但是要严格分类，仍是很难的。

（1）按成墙方式可分为：①桩排式；②槽板式；③组合式。

（2）按墙的用途可分为：①防渗墙；②临时挡土墙；③永久结构（承重）墙；④作为基础用的地下连续墙。

（3）按墙体材料可分为：①钢筋混凝土墙；②塑性混凝土墙；③固化灰浆墙；④自硬泥浆墙；⑤预制墙；⑥泥浆槽墙（回填砾石、黏土和水泥三合土）；⑦后张预应力地下连续墙；⑧钢制地下连续墙。

（4）按开挖情况可分为：①地下连续墙（开挖）；②地下防渗墙（不开挖）。

本书探讨的是以槽板式用作临时、永久围护结构的混凝土和钢筋混凝土地下连续墙。

1.2.2 地下连续墙的特点

1. 地下连续墙的优点

地下连续墙技术之所以能得到广泛的应用与发展，是因为它具有如下优点：

（1）施工全盘机械化，速度快、精度高，并且振动小、噪声低，适用于城市密集建筑群及夜间施工，减少工程施工对环境的影响。

（2）由于采用钢筋混凝土或素混凝土，强度可靠，承压力大，墙体刚度大、整体性好，因而结构和地基变形都较小，既可用于超深支护结构，也可用于主体结构。

（3）对开挖的地层适应性强，在我国除熔岩地质外，可适用于各种地质条件，无论是软弱地层或在重要建筑物附近的工程中，都能安全施工；特别是能够紧邻相近的建筑及地下管线施工，对沉降及变位较易控制。

（4）用触变泥浆保护孔壁和止水，施工安全可靠，不会引起水位降低而造成周围地基沉降，保证施工质量。

（5）开挖基坑无需放坡，土方量小，浇筑混凝土无需支模和养护，并可在低温下施工，降低成本，缩短施工时间。

（6）地下连续墙作为整体结构，加上现浇筑墙厚度一般不少于60cm，钢筋保护层又较大，故耐久性好，抗渗性能亦较好。

（7）可将地下连续墙与“逆作法”施工结合起来，地下连续墙为基础墙，地下室梁板作支撑，地下部分施工可自上而下地与上部建筑同时施工，将地下连续墙筑成挡土、防水和承重的墙，形成一种深基础、多层地下室施工的有效方法。有利于施工安全，并加快施工进度，降低施工造价。

2. 地下连续墙的缺点

正如以往任何一种新的施工技术或结构形式出现一样，地下连续墙尽管有上述明显的优点，但也有它自身的缺点和尚待完善的方面。归纳起来有以下几个方面：

（1）每段连续墙之间的接头质量较难控制，往往容易形成结构的薄弱点。

（2）墙面虽可保证垂直度，但比较粗糙，尚需加工处理或做衬壁。

（3）施工技术要求高，无论是成槽机械选择、槽体施工、泥浆下浇筑混凝土、接头、泥浆处理等环节，均应处理得当，不容疏漏。

（4）制浆及处理系统占地较大，管理不善易造成现场泥泞和污染。弃土及废泥浆的处理问题，除增加工程费用外，如处理不当，还会造成新的环境污染。

（5）地质条件和施工的适应性问题。从理论上讲，地下连续墙可适用于各种地层，但最适应的还是软塑、可塑的黏土层。当地质条件复杂时，会增加施工难度和影响工程造价。

（6）槽壁坍塌问题。引起槽壁坍塌的原因，主要是地下水位急剧上升，护壁泥浆液面急剧下降，有软弱疏松或砂性夹层，以及泥浆的性质不当或者已经变质，此外还有施工管理等方面的因素。槽壁坍塌轻则引起墙体混凝土超方和结构尺寸超出允许的界限，重则引起相邻地面沉降、坍塌，危害临近建筑和地下管线的安全。

由于地下连续墙优点多，适用范围广，目前广泛应用在建筑物的地下基础、深基坑支护结构、地下车库、地铁、地下城、地下电站及水坝的防渗墙等工程中，而且随着对地下连续墙施工要求的不断提高，目前地下连续墙不仅仅用于临时支护的挡土、挡水，已集支护、结构墙、承重等于一体。如位于南京的江苏检察院办案技术楼地下室采用的地下连续墙集挡土、挡水、地下室结构外墙、承重墙等“三墙合一”的墙体，天津第一高楼——天津津塔地下连续墙集基坑临时支护、结构外墙的“二墙合一”等等，大大降低了地下连续墙作为临时支护墙体的使用成本，使得地下连续墙在地下工程支护结构方面具有很大的优越性。

第二章　常用地下连续墙的设计

2.1　地下连续墙作防渗墙的设计

2.1.1　概述

1. 地下防渗墙简要说明

世界上很多国家，包括地下连续墙技术的发源地意大利及较早使用此项技术的我国，都是首先把这项技术应用于水利水电工程中的防渗工程，而后逐渐推广到城市建设和交通、矿山和港口等建设工程中去的。

地下防渗墙有如下三个特点：①修建在透水地基中，以防渗为主的地下连续墙；②是一种不开挖的地连墙（这是两者最根本的区别）；③其墙形和材料变化多端、施工方法各异。

目前，地下防渗墙的墙体材料不仅有混凝土（钢筋混凝土）和黏土混凝土等刚性材料，而且已经开发使用了塑性混凝土、固化砂浆、自硬泥浆和黏土类混合料以及土工合成材料等多种塑性或柔性材料。

2. 防渗墙设计的主要步骤和内容

选择地下防渗墙以及如何选择防渗墙的各种尺寸和技术指标是防渗墙设计的主要内容。目前地下防渗墙的设计理论和计算方法还不是十分成熟，计算结果与实测数值相差较大。对此本书不进行深入讨论。防渗墙设计的主要步骤和内容包括：

（1）选择合适的墙形，并根据已经选定的坝（闸）形式在平面、纵剖面和横截面上进行布置。

（2）根据已建成的工程经验和本工程实际情况，初步选定防渗墙的厚度和墙体材料。

（3）渗流稳定验算（坡降和渗漏量）。

（4）渗流稳定验算（化学溶蚀计算）。

（5）内力和强度计算。

（6）其他方面核算，如心墙式坝的抗裂稳定性和墙顶塑性区的计算，大型基坑的边坡稳定性核算等。

（7）墙体材料配比设计。

（8）细部设计，防渗墙与周边的基岩、坝体和岸坡等的连接设计。

（9）观测设计，在防渗墙中设置渗流、应力和载荷等方面的观测仪器和设备。

（10）编写设计说明书和防渗墙的施工技术要求。

必须强调的是，防渗墙的主要作用是防渗，它必须满足以下两个要求：

1）有效地截断渗透水流，使地基的渗流比降和逸出比降均控制在安全范围之内，不至于造成渗流破坏。

2）有效地控制渗流量，避免大量漏失水量，或者造成基坑内大量涌水以保证水库（闸）的有效蓄水。

设计时必须抓住防渗这个关键问题，其他几项设计工作必须围绕这个中心进行。

2.1.2　防渗墙总体布置

1. 防渗墙的布置方式与平面布置

以土坝防渗墙的布置方式为例（见图 2-1），防渗墙的布置方式主要有斜墙-防渗墙、外铺盖-防渗墙、心墙-防渗墙、心墙-内铺盖-防渗墙、心墙-双排防渗墙、斜墙-悬挂式防渗墙、混凝土铺盖-防渗墙、心墙式防渗墙、复合防渗墙等。由于坝形不同，防渗墙可设置于防渗心墙、斜墙和铺盖下，或者心墙与铺盖、斜墙，与铺盖联合防渗体的下面。

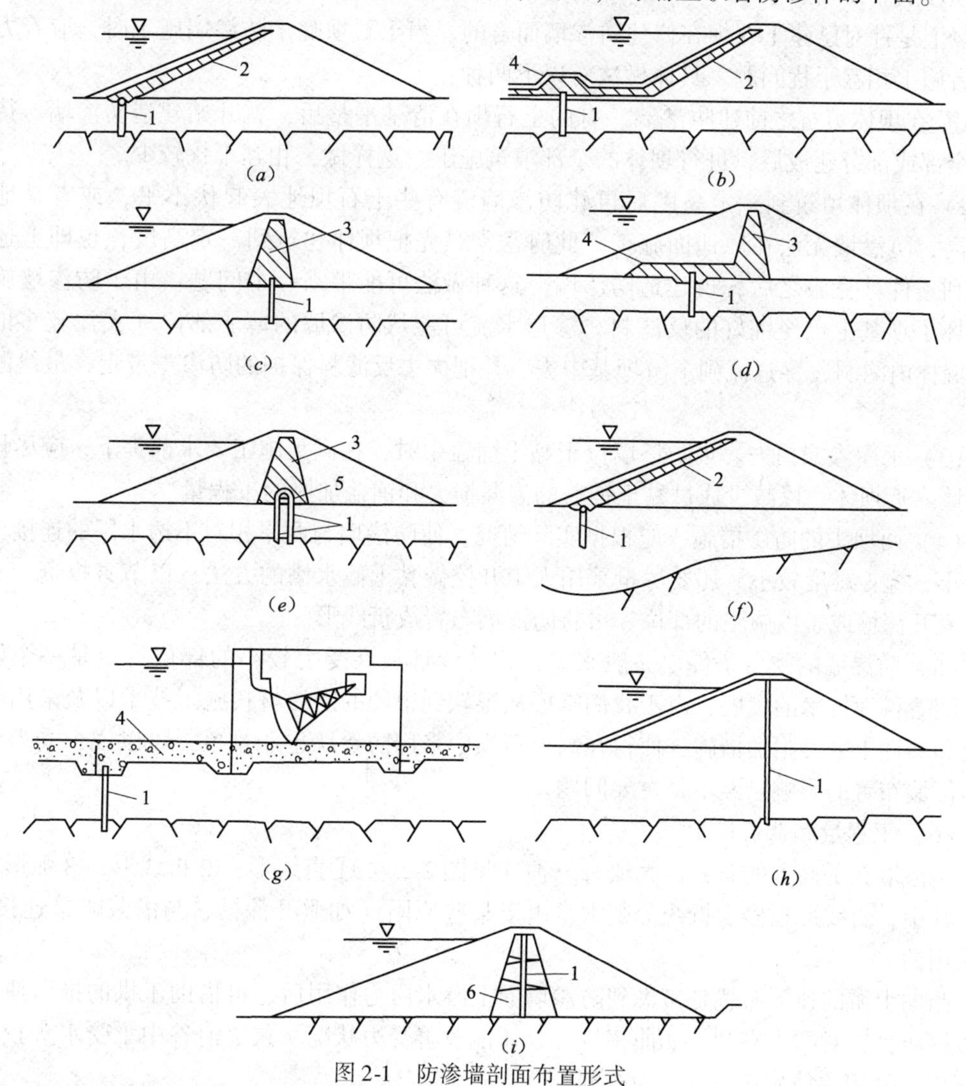

图 2-1　防渗墙剖面布置形式

（a）斜墙-防渗墙；（b）外铺帽-防渗墙；（c）心墙-防渗墙；（d）心墙-内铺盖-防渗墙；
（e）心墙-双排防渗墙；（f）斜墙-悬挂式防渗墙；（g）混凝土铺盖-防渗墙；
（h）心墙式防渗墙；（i）复合防渗墙

1—防渗墙；2—斜墙；3—心墙；4—铺盖；5—廊道；6—开裂心墙

在选择土石坝防渗墙的平面位置时，应考虑以下几个要求：

(1) 坝基地质条件和水文地质条件。当坝基基岩（或作为隔水层的黏性土）岩性或地质构造沿水流方向有变化时，宜将防渗墙放在坚固而不透水的基岩或黏性土层中，尽量避开不利的地质构造（如断层等）。

当坝基覆盖层沿水流方向有很大变化时，也应考虑将防渗墙放在覆盖层较浅并容易施工的部位。

(2) 施工条件。当防渗墙放在已建成水库的上游坝脚的黏土或黏土斜墙或铺盖中时，则在防渗墙与坝脚之间应留出一定距离（其大小依钻机摆放位置而定），以便布置施工道路和设备。当土石坝上游坝脚地面起伏不平，难以施工时，可考虑将防渗墙布置在坝顶或上游坝坡上。

以上是针对已建土石坝在修建防渗墙而言的。当土石坝晚于防渗墙施工时，应着力解决两者施工相互干扰问题。具体做法有以下两种：

1) 在坝体填筑之前建防渗墙。有的土石坝在清基平整后，就开始建造防渗墙。待防渗墙全部或部分建成后，进行坝体的全部填筑施工。这样做，相互干扰较少。

2) 在坝体填筑到一定高度后再建防渗墙。有些土石坝地表起伏不平，或者是地下水太高，防渗墙无法在原地面施工。此时常常是先把坝体建筑到一定高度，也即上述两种不利条件被克服之后，再建造防渗墙。这种做法可能带来一个问题：由于防渗墙施工时破坏了坝基上已经铺好的反滤料，渗透水流可能从防渗墙的薄弱部位（夹泥较多的接缝或墙体内漏洞）穿过流到下游坝基中去，并把失去反滤料保护的防渗土带走，最终酿成事故。

(3) 水库渗漏损失。当防渗墙位于黏土铺盖中时，在满足施工要求前提下，应尽量使防渗墙靠近坝体，以减少通过黏土铺盖的渗漏损失和铺盖加厚的工程量。

(4) 两坝头的防渗措施。应根据实际情况，使防渗墙与两岸相对不透水层的连接工程量最小，施工难度较小。还要尽量采用人工开挖做黏土截水槽的方法，以节省投资。有时为了避开深槽或难以施工的部位，可将防渗墙布置成折线形。

(5) 防渗墙的受力条件。一般来说，把防渗墙放在受力较小的部位肯定是一个好办法。随着科学技术的发展，由于我们掌握从很软到很硬的防渗材料施工技术以及采用灌浆廊道和塑性土区等附加措施，使得在高土石坝中采用防渗墙也非难事，可以说，受力条件对防渗墙布置的影响已经不是主要问题。

(6) 工程量和造价最少。

防渗墙在平面上的布置，大致有三种（见图2-2）：①直线形；②折线形；③弧形。

其中，直线形较多。折线形则常常由于某些原因（如避开深槽、与灌浆帷幕连接等）而采用的。

凸向上游的弧形布置是考虑到防渗墙受上游水压力作用后，可借助于拱的推力使各墙体接缝压紧，对防渗有利。如曲率较大，还能改善受力状况。狭窄河谷中承受水头较高的土石坝，采用这种方式布置尤为有利。

上面所说的布置原则，对于平原水闸（坝）、尾矿坝、矿山采场等工程的防渗墙也是适用的。

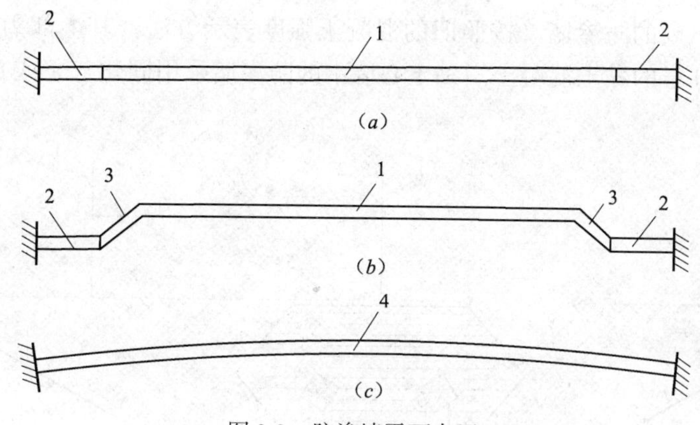

图 2-2 防渗墙平面布置

(a) 直线形；(b) 折线形；(c) 弧形

1—防渗墙；2—两岸齿墙；3—斜段；4—弧形防渗墙

2. 防渗墙的组合结构布置

在各种不同施工设备和工法、墙体材料、地质条件、承受水头、墙的厚度和深度条件下，需找出一种或两种以上的防渗墙进行组合结构，组成复合防渗墙。

(1) 双道防渗墙

对于高土石坝来说，采用一道很厚的防渗墙，施工难度很大，安全度不高。有些水头很高或者非常重要的土石坝采用了两道防渗墙，必要时可在两墙之间灌浆。

(2) 防渗墙与灌浆帷幕

这两种防渗措施的结合，有以下四种情形。

1) 上墙下幕。一般是采用防渗墙处理上部覆盖层，而用灌浆帷幕处理下部基岩渗漏；还有一种像密云水库那样，在覆盖墙中建一座短的防渗墙，为灌浆提供盖重，同时避免了地表灌浆质量差的现象，而在下部覆盖层中采用灌浆帷幕。

2) 前幕后墙或前墙后幕。我国毛家村土坝原计划用 9 排灌浆帷幕作为坝基防渗结构。在完成了上游灌浆帷幕后就决定在其下游建一道防渗墙，于是形成了前幕后墙的组合结构。

3) 两墙中间为灌浆帷幕。如印度奥伯拉坝在两道混凝土防渗墙之间进行了灌浆帷幕(见图 2-3)。

4) 内墙外幕。在防渗墙两侧进行灌浆，可提高地基的刚度，减少墙体和两侧地基之间沉陷差，提高防渗墙承载能力；同时还可以起到补充防渗作用，改善防渗墙受力条件(见图 2-4)。

(3) 防渗墙在垂直方向的组合

在同一道防渗墙中，可以根据其受力情况和深浅不同，在不同深度上采用不同的材料来建造。

1) 上硬下软。如智利培恩舍坝防渗墙，上部 15m 为中等硬度的混凝土 (R_C = 22.5MPa)，其中顶部 6.5m 内加钢筋；下部为半塑性混凝土 (R_C = 8MPa)。

2) 上软下硬。我国某水库的土坝坝体和覆盖层均有渗透不稳定问题，决定采用穿过坝体和覆盖层直达基岩的防渗墙进行处理。由于坝体心墙抗渗性能尚可，承受水头较小。

最后采用了上软下硬的防渗墙。按照旧的混凝土强度表示方法，其上部为 25 号塑性混凝土，而下部为 100 号的黏土混凝土。黏土心墙中的防渗墙采用固化灰浆或自硬泥浆等柔性材料。

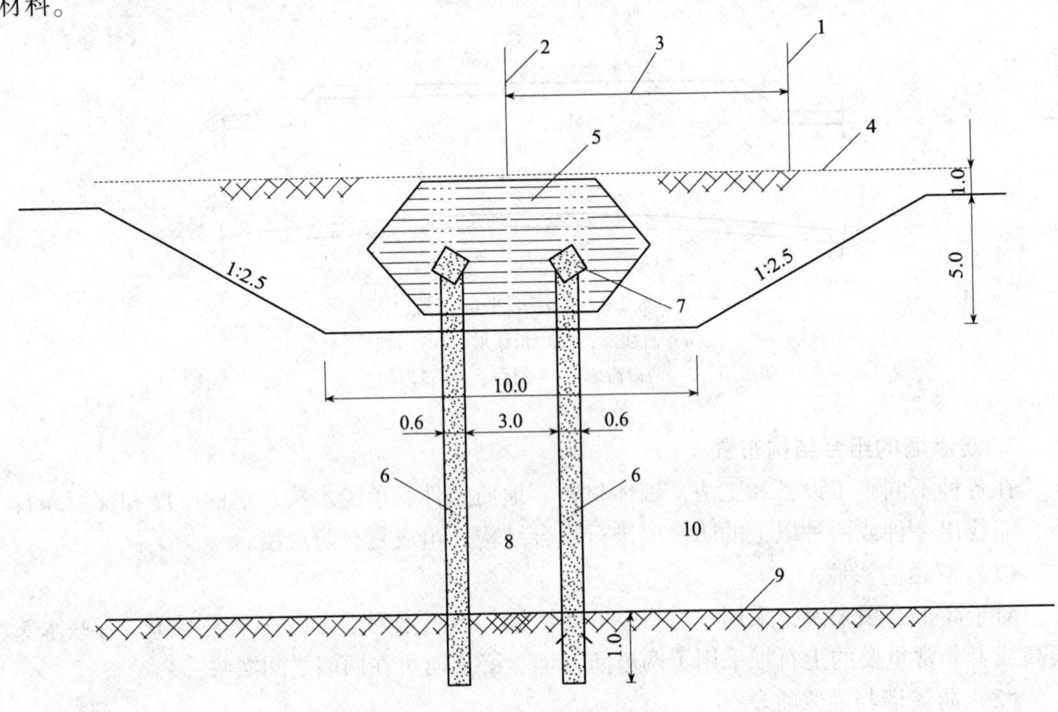

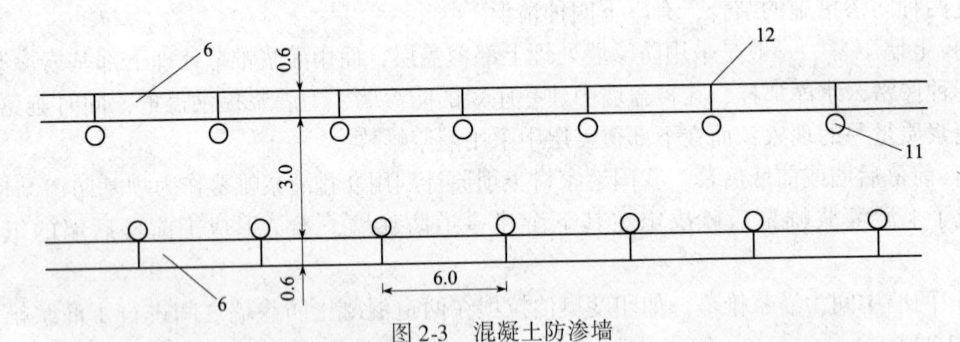

图 2-3 混凝土防渗墙

1—坝轴线；2—截水墙轴线；3—可变距离；4—河床；5—高塑性土；6—混凝土防渗墙加钢筋；7—钢筋混凝土帽；8—砂层灌浆；9—岩石；10—砂层；11—灌浆孔；12—防渗墙的接缝

(4) 防渗墙在平面上的组合结构

这里说的防渗墙在平面上的组合，主要有以下几种情况。

1) 河道的横剖面上存在深槽或者 V 形峡谷，则深槽防渗墙适合墙体受力和偏斜方面的要求，墙厚应当适当增加。如美国穆德山坝下防渗墙采用了两个墙厚，即深槽段墙厚 1. 0m，而两岸浅槽段墙厚为 0. 85m。

另外，当深槽段很深而且含有大飘石时，通常的槽板式防渗墙因造孔和接头困难，防渗墙的结构形式也需加以调整，如在两岸较浅（深度小于 52m）段采用槽式防渗墙，而在中部深槽段则采用桩柱连锁防渗墙。

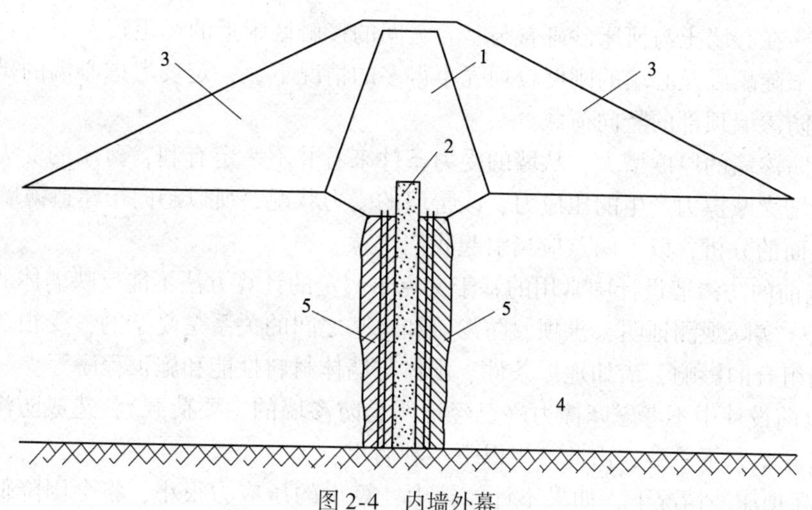

图 2-4　内墙外幕

1—心墙；2—防渗墙；3—坝壳；4—砂砾层；5—灌浆帷幕区

2）当两岸墙段比中间墙段承受水头较少时，可考虑在两岸段采用高压喷射灌浆防渗墙或者是其他方法施工的薄防渗墙，也可以把墙体材滤料改为固化灰浆等柔性材料；很浅的墙段则可采用人工开挖做黏土截水槽的方法等。

3）还有一些土石围堰（如小浪底上游右岸段）的防渗墙，因第一阶段施工位于河漫滩上，工期可以长一些，所以采用了塑性混凝土防渗墙。而第二阶段施工段位于主河槽段，必须在枯水期内快速建成，为此改为高压喷射灌浆防渗墙。

4）还有采用两岸为泥浆槽防渗墙和中间部位采用混凝土防渗墙的（如加拿大拉格朗德水电站 20 号副坝）；也有采用混凝土防渗墙（中间部位）和板桩灌浆防渗墙的。

2.1.3　防渗墙的结构设计

常用的防渗墙主要是混凝土、黏土混凝土防渗墙和塑性混凝土防渗墙，防渗墙的结构与墙体的实际受力状态有关。通过防渗墙的原型观测分析，现已基本了解了防渗墙实际承受的主要荷载。

(1) 作用在墙顶的竖向压力，其大小与墙顶的结构设计有关。

(2) 防渗墙侧面受到很大的摩擦力作用，这是防渗墙及其两侧的坝基覆盖层在坝体荷载作用下，产生了很大的差异沉降（沉降差）而造成的。摩擦力的方向取决于两侧土体与墙的相对沉降方向。在墙的中上部，两侧土体比墙的沉陷大，对墙面的摩擦力向下；在墙的下部，由于墙底淤积物的固结压缩，墙比两侧土体沉陷大，对墙的摩擦力向上。按静态土压力计算的摩擦系数值与墙和两侧土体之间相对沉陷差有关。

(3) 防渗墙上游的水压力。

(4) 侧向土压力。

在以上荷载的共同作用下，防渗墙产生压缩和主要指向下游的水平位移。实际观测也证明墙体本身实际处在受压状态。根据对实际防渗墙的应变观测以及防渗墙钢筋应力观测结果均可看出，几乎没有拉应力，或者说拉应力的数值和区域都是很有限的。墙的水平位移主要发生在土坝施工期，蓄水后相对较小。深墙水平位移主要发生在心墙区，河床砂砾石层则较小。在心墙土与河床砂砾石与基岩之间的接触区附近的弯矩较大。

对于狭窄陡峭以及心墙的刚度较坝壳小得多的情况下，一定要考虑心墙的拱效应，才能正确得出防渗墙顶部的竖向荷载。

但随着防渗墙的厚度增大，从墙的受力条件来看并不一定有利；薄墙的受力条件优于厚墙，它能增大摩擦力产生的压应力，改善墙的受力状况，所以趋向于建造薄墙。

通过上面的分析，以下两点应当引起我们注意。

(1) 以前的防渗墙设计中常用的基于文克尔假定的计算方法不能反映墙体的实际变位和受力情况。实际观测证明，土坝、防渗墙和地基之间的关系是复杂的，受很多因素以及它们的不同组合的影响，诸如地形条件、坝体与墙体材料性能和施工程序等。

(2) 以前设计中不考虑摩擦力（已经证明是防渗墙的主要荷载），造成防渗墙设计应力状态与实际状态不一致，由此产生以下不利后果：

1) 在高坝深墙情况下，如果不计摩擦力，算出的压应力很小，将会因降低对墙体抗压强度的要求而导致墙体被压碎。

2) 在高坝深墙情况下，如果不考虑摩擦力，势必使墙体承受的弯矩加大，为此可能需要在墙体内布设钢筋以抵抗拉应力。

国外从20世纪60年代末到70年代初，大规模采用了一种低标号混凝土防渗墙，这种低标号混凝土就是塑性混凝土，也就是水泥用量大大减少的黏土混凝土。塑性混凝土的强度只有0.5~4MPa，变形模量也只有200~1500MPa，使墙体的柔性大为增加。

塑性混凝土的出现，促使防渗墙设计理论发生了一些变化：

(1) 塑性混凝土防渗墙设计的主导思想就是使墙体和地基具有相同的变形模量。这样就能避免或大大降低两者之间的不均匀沉降，使墙体承担的外荷载大大减少。计算结果表明，墙体和地基的变形模量之比在1~5之间时，效果比较理想。

(2) 由于墙体变形模量小、柔性大，在外荷载作用下，墙体内产生的拉应力很少，甚至无拉应力出现。即使出现拉应力超过墙体材料极限而产生裂隙，其自愈能力也远胜于刚性混凝土防渗墙。所以，目前对防渗墙塑性混凝土的抗拉强度要求多是作为一种安全储备来考虑的。

(3) 防渗墙柔性增加后，墙体材料强度必然降低，为保证外荷载作用下的墙体应力不致超载，防渗墙的结构设计也要进行一些改变。例如，必要的时候可在墙顶设置可压缩性黏土（膨润土）或其他柔性垫层。

2.1.4 防渗墙厚度选择

1. 防渗墙设计的基本要求

(1) 墙体材料必须有足够的抗渗性和耐久性。

(2) 能满足各种强度变形的要求。

(3) 与周边基岩、岸坡和坝体之间有可靠的连接措施。

2. 影响防渗墙厚度的因素

防渗墙设计的一个主要内容，就是如何选择好墙的厚度。主要影响因素有以下几个。

(1) 渗透稳定条件

目前采用两种方法来选择和核算防渗墙的厚度，即允许水力梯度（坡降）和抗化学溶蚀法。

（2）强度和变形条件

根据所求出的内力（弯矩、剪力和轴向力），按偏心受压构件核算断面拉压应力是否能满足要求。当然这是针对刚性（塑性）防渗墙来说的，对于柔性防渗墙尚应注意它的变形能否满足要求。

对于混凝土防渗墙来说，有些研究资料表明墙的厚度增大，并不一定有利，薄墙的受力状态反而优于厚墙，所以趋向建一些薄一点的防渗墙。

根据以上两个条件求出的墙厚是最小的墙厚。

（3）地质条件

地质条件对墙体厚度的影响，主要有以下几个方面：

1）常常假定在外荷载作用下，防渗墙和地基的共同起作用。此时地基的颗粒组成以及它们的物理力学特性指标对防渗墙的厚度肯定是有影响的。

2）当地基中大飘石或弧石的含量较多时，太薄的防渗墙是极难施工的；太厚的防渗墙则会消耗大量的动力，也是很难施工的。

在软土地基中墙厚可薄些；太厚的防渗墙则可能出现槽孔坍塌。

3）当需要处理的地基很深时，太薄的墙则无法保证底部墙体连续。

（4）施工条件

在设计防渗墙墙厚的时候，必须考虑现有的成槽机械在厚度和深度方面的使用范围。比如高压喷射（定、摆喷）机可以建造10～20cm的薄防渗墙；锯槽机、射水法成墙机可建20～40cm的墙；冲击钻机可建造60～120cm的墙；液压抓斗可建造0.5～2.0m防渗墙；再厚的墙则需要轮式清槽机才能完成。

（5）墙体材料

不同的墙体材料，能够承受的荷载以及抵抗的变形和渗透的能力是各不相同的；在承受相同水头的情况下，墙体厚度也是不同的。

（6）墙体薄弱部位

由于防渗墙是在水（泥浆）下建造的，容易在墙体中或在其周边造成一些薄弱部位，会使墙的有效厚度减少。

1）墙体接缝。二期槽孔浇筑前，对混凝土槽壁上的泥皮没有刷洗干净；或者在浇筑过程中，槽底的淤积物或槽孔混凝土顶面的淤泥被推挤到两端接缝部位，使墙体的抗渗能力大为降低。

2）泥浆质量不好时，在孔壁上形成很厚的泥皮，也使墙的有效厚度变小。

这些不利因素，在设计墙厚时，都应充分考虑。

3. 防渗墙的经济厚度

根据施工资料看，混凝土费用占整个防渗墙造价的15%～25%，而造孔费用却要高得多。所以，采用减少墙厚、增加造孔进尺的方法是不经济的。因此地下连续墙施工存在着这样一个防渗墙厚度，它使抓斗在最高效率区内工作，使工程总造价最小，这样一个厚度叫作防渗墙的经济厚度。

从墙体受力条件来看，墙的厚度加大并不一定有利；薄墙受力条件反而优于厚墙。但是太薄的墙，在施工、质量控制和可靠度上还存在一些问题。这里也提出了一个合理的经济墙厚的必要性。

通常可以根据工程经验，先初选一个或两个墙厚，然后进行构筑物的渗透计算和渗透稳定分析以及强度和变形计算，看其是否满足这两方面的要求；否则重选墙厚再进行计算。所选墙厚应当是使用现有抓斗能够正常进行施工的，即使出现偏斜或接缝质量时也能满足设计要求。

2.1.5 防渗墙深度设计

确定防渗墙深度时，应考虑以下几方面的要求：

(1) 防渗墙本身的支撑条件、允许应力和不均匀沉降的要求。

(2) 防渗墙墙底与基岩或相对不透水层之间接触带的渗透稳定和水量损失。

(3) 施工要求，为便于造孔和浇筑，各单孔孔底之间高差不要太大。

(4) 与其他防渗措施的配合。如想在防渗墙底部进行帷幕灌浆，则应考虑灌浆方面的要求。如果坝基表面岩石破碎，则墙底伸入基岩可大些。

2.1.6 防渗墙细部结构设计

(1) 通常都将防渗墙底部伸入地基（岩石或土）内一定深度，以保证有足够的嵌入深度和防渗效果，至于其数值的大小，则视地质条件、水头大小和灌浆与否而定。通常将墙底伸入弱风化（半风化）岩石内0.5~0.8m，或伸入黏性土层内1.5~2.0m或更大。

(2) 在考虑嵌入深度时，还必须注意孔底淤积的影响。这些淤积物通常由泥浆、岩石碎屑或软土（砂）组成，其厚度和性能与造孔泥浆质量优劣以及孔底清渣情况有关。优质泥浆在孔底形成的淤积少，抗渗能力高；劣质泥浆则易产生很厚的淤积。用液压抓斗挖槽或使用专用清孔器清孔时，淤积很少；而用冲击钻的抽筒清孔时则会留下较多淤积。

(3) 如果孔底淤积物厚度小于规范规定的10cm时，则此部分淤积物会被封闭起来，防渗效果是有保证的。如果淤积物厚度很厚而且抗渗性能差，在较高水头下就可能失去稳定而形成漏水通道。对此应进行专门论证和处理。一种办法是结合对基岩的灌浆，把这部分淤积物通过灌浆加固；另一种办法是采用优质泥浆，采用专门的清孔设备，把孔底淤积物彻底清除干净。

2.1.7 防渗墙的接头

(1) 近年来，塑性混凝土以及像固化灰浆和自硬泥浆等柔性墙体材料的推广应用，使得液压抓斗和双轮铣等钻机直接在其中开挖成为可能，这样就形成了所谓的平接接头。实践已经证明，即使承受水头高达100m以上，这种平接接头仍是成功的。国内小浪底主坝防渗墙和三峡上游围堰防渗墙均采用了类似的接头形式。

(2) 近年来出现的一种防渗墙混凝土的新分区方法，对于钻凿接头施工是有利的，值得借鉴。前面介绍过的智利培恩舍坝的防渗墙采用了三种混凝土：

1) 下部用半塑性混凝土（$Rc=8\text{MPa}$）。

2) 上部15m为中等硬度混凝土（$Rc=22.5\text{MPa}$），其上部6.5m内加入钢筋。

3) 伸入黏土心墙部分为现浇钢筋混凝土墙。

由于采用了上硬下软的混凝土结构，对于钻凿接头是很有利的。

2.1.8　防渗墙的墙体材料

用于防渗墙的材料可大致分为以下三类：刚性、塑性和柔性材料。

1. 刚性混凝土

钢筋混凝土、混凝土和黏土混凝土均属于这一类。它们是按照常规混凝土的概念配制和施工的。它们的物理力学和化学特性都可以采用常规的设计和试验方法。现在用于地下防渗墙的混凝土强度等级最高已达到 C40 ~ C50，一般的黏土混凝土也在 C10 以上，弹性模量大于 15000MPa。

这些混凝土常被用于水平或垂直荷载较大的地方。20 世纪六七十年代施工的猫跳河窄巷口拱坝上游的防渗墙和碧口土坝中的防渗墙，都在墙中放置了钢筋。现已完工的小浪底主坝防渗墙也在顶部 12m 内放了钢筋。

2. 塑性混凝土

国外在 20 世纪五六十年代就已使用，国内则是进入 20 世纪 80 年代以后开始使用的。其中北京十三陵抽水蓄能电站下池防渗墙工程中使用了约 4 万 m^3 塑性混凝土，是目前国内最多的。

塑性混凝土实际上就是降低了标号的黏土混凝土，它是由石子、砂子、水、水泥、膨润土和黏土等组成的，只不过水泥用得比较少，而黏土用得多而已。它的抗压强度 2 ~ 5MPa（28 天），弹性模量 500 ~ 1000MPa，变形能力比普通混凝土大得多。

塑性混凝土因自己的特性而被广泛应用。国外已有超过 100m 的土石坝应用塑性混凝土的工程实例（智利科尔文坝）。国内在福建水口水电站围堰、山西册田水库、十三陵下池以及三峡围堰防渗墙使用了塑性混凝土。

3. 柔性材料

这类材料中包括以下几种：固化灰浆、黏土、水泥（砂）浆、自硬泥浆、黏土（块）、混合料（泥浆槽）。它们的共同特点是强度很低，但抗渗性高，变形能力大。

这些材料多被用于临时围堰防渗工程或者坝高和覆盖层地基均不太深的永久工程中。

4. 关于选择墙体材料的几点建议

（1）选择材料时，应考虑以下几个要求：

1）与结构有关的要求，如强度和变形、抗渗透能力等；

2）地质条件；

3）施工条件。

（2）各种材料的渗透系数 K（cm/s）

1）灌浆帷幕：10^{-4}；

2）固化灰浆：$10^{-5} \sim 10^{-6}$；

3）塑性混凝土：$10^{-6} \sim 10^{-7}$；

4）黏土混凝土：$10^{-7} \sim 10^{-8}$。

（3）对于塑性混凝土能否用于高坝防渗墙问题，尚存在两种不同意见。国外已有用于高坝的实例。在设计、施工、科研和观测各方面协作下，塑性混凝土肯定会用于高坝防渗墙中。

（4）可以在防渗墙的不同部位使用不同强度等级的混凝土。

2.2 地下连续墙作基坑支护结构的设计

2.2.1 地下连续墙在基坑工程中的应用

（1）地下连续墙在基坑工程中的适用条件。一般来说，地下连续墙在基坑工程中的适用条件归纳起来，有以下几点：

1）基坑深度大于7～10m。

2）软土地基或砂土地基。

3）在密集的建筑群中施工基坑，对周围地面沉降，建筑物的沉降要求需严格控制时，宜用地下连续墙。

4）支护结构与主体结构相结合，用作主体结构的一部分，且对抗渗有严格要求时，宜用地下连续墙。

5）采用逆作法施工，内衬与护壁形成复合结构的工程。

（2）在应用范围方面，有建筑物的基坑，如地下室、地下商场、地下停车场等；市政工程的基坑如地下铁道车站、地下汽车站、地下泵站、地下变电站、地下油库等，以及工业构筑物基坑（例如钢铁厂的铁皮沉淀池），盾构及顶管隧道的工作井、接收井等。

（3）在应用地下连续墙的基坑规模方面，矩形基坑的宽度已达110m，长度达200m；圆形基坑的直径则已超过144m；长条形基坑宽20m，长600m；矩形基坑开挖深度已达32m，圆形基坑达60～70m。

（4）在地下连续墙的厚度及深度方面，最常用的基坑围护结构是600mm、800mm，个别基坑也用了1000mm、1200mm，最厚已达2800mm；至于深度已达140m（国内为81.9m），近年来上海市开发了厚450mm的地下连续墙。

（5）目前在基坑工程中应用较多的地下连续墙有以下几种形式（见图2-5）：

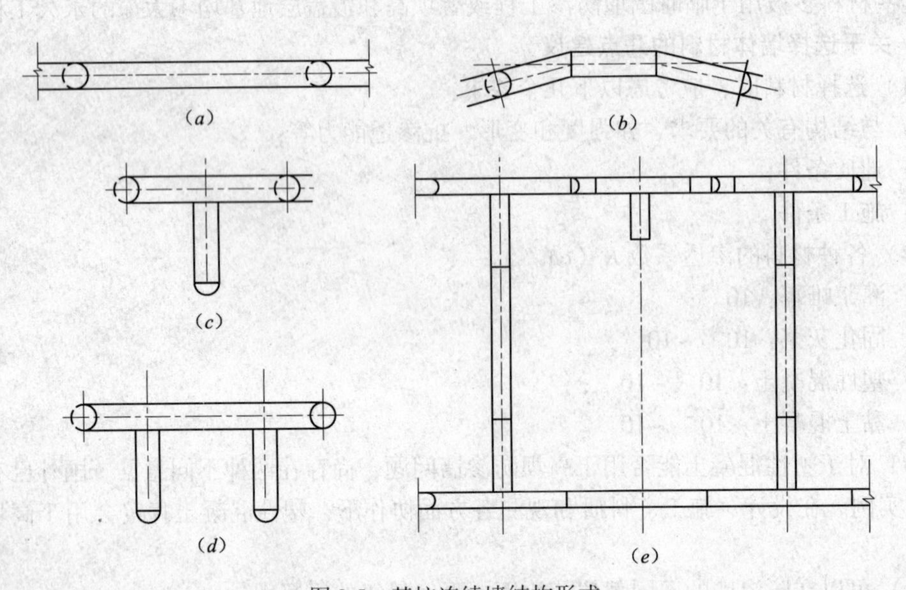

图2-5 基坑连续墙结构形式

(a) 板形；(b) 折线形；(c) T形；(d) π形；(e) 格构形

1）板形：这是应用的最多的地下连续墙形式，用于直线形墙段，圆弧形（实际是折线形）墙段；

2）T形地下连续墙：适用基坑开挖深度较大，支撑迟滞间距较大的情况，大开挖深度已达25m；

3）格构形地下连续墙：这是一种将板式及T形地下连续墙组合的结构，靠自重维持墙体的稳定，已用于大型的工业基坑；

4）预应力U形折板地下连续墙：这是一种由上海市地下建筑设计院开发的新形式、新工艺地下连续墙，应用于上海市地下车库。折板是一种空间受力结构，具有刚度大、变形小、能节省材料等，如取地下连续墙厚度为600mm，则T形连续墙的折算厚度为0.835～0.913m，而U形折板连续墙的折算厚度为0.76m，节省混凝土13%，节约钢筋约20%。

2.2.2　地下连续墙作基坑围护结构的设计

1. 基本要求

桩墙式围护结构的计算，应考虑施工过程中（包括开挖和回筑）基坑开挖、支撑设置、拆除及替换、荷载变化、墙体的刚度变化、与主体结构的结合方式等对墙体受力的影响。墙体受力分析应根据施工顺序逐阶段进行。

围护结构的计算简图，应符合结构实际的工作条件，反映结构与土层的相互作用。根据计算目的、结构特点、基坑规模、土层条件及墙体变形后土层的应力状态等因素，结合工程经验，合理选择计算方法。

（1）桩墙式围护结构的内力宜采用土抗力法计算，空间作用不明显的三类基坑和地层较稳定、周围环境较简单的二类基坑中的悬臂结构及单支点结构可采用极限平衡法计算。

（2）桩墙式围护结构的变形一般可采用土抗力法计算，当基坑周围有重要建筑物或地下构筑物需要保护时，可采用平面有限元法计算基坑开挖引起的围护结构和地层的位移。

（3）围护结构的计算，一般应考虑以下荷载：①自重；②施工阶段的水、土压力及邻近建筑物基底压力产生的土压力；③地面堆载、车辆或机械等活载及其产生的土压力；④逆筑法或盖板法施工时顶、楼板和盖板传给围护结构的竖向力力矩；⑤其他荷载：包括通过支撑对墙体施加的预应力以及在基坑附近进行的工程活动（如地层加固、开挖）对墙体产生的作用力等。必要时应考虑支撑温度变化的影响；⑥围护结构作为主体结构的一部分或建筑物的基础时，作用在其上的荷载，包括上部结构的重量、竖向荷载、地震荷载或人防荷载等；⑦作用在围护结构上的侧压力，应考虑墙体所处的工程地质条件和水文地质条件、埋置深度、施工方法等的影响，根据墙体受力后的位移大小及地层应力状态设定，并与所采用的计算模型相适应；⑧排桩墙单根桩承受的土压力（含土抗力）的计算宽度一般可取排桩的中心间距；⑨在依据理论计算结构确定围护结构入土深度、内力和水平位移时，应考虑当地类似工程的实际经验，必要时做出合理的修正。

2. 作支护结构的设计主要内容

（1）地下连续墙墙体深度确定

地下连续墙作为挡土防水结构，在基坑开挖时，它由墙体、支撑（或地锚）系统及墙前后土体组成共同作用的受力体系。它的受力变形状态与基坑形状、尺寸、墙体刚度、墙体入土深度、土的力学性能、地下水状况、施工程序和开挖方法等多种因素有关。

(2) 墙体稳定性

支护不采用多点支撑情况下，相应地下墙槽段要加长些，施工时，地下墙墙顶混凝土浇灌至天然地面下1.5m左右，浅层开挖后将墙顶混凝土凿去2.0m，然后构筑断面为0.8m×2.0m的钢筋混凝土圈梁和8道断面为0.6m×(1.0~1.2)m钢筋混凝土斜撑，上述斜撑又分别支承在12根Φ609×11mm的钢管立柱上，整个开挖施工中，坑内将不再设其他临时支撑。开挖后，地下墙整体稳定性良好，垂直度为1/300。

(3) 地下墙墙厚确定

对于临时围护墙体，目前地下墙墙厚多为0.6~0.8m，对于墙体合一或有其他要求时，多为0.8~1.0m，如天津津塔、津湾广场等便是如此。

确定墙厚主要考虑如下因素：

1) 目前常用的成槽设备：前些年主要是“二钻一抓”成槽设备和多头钻成槽设备，决定了墙厚为0.6~0.8m；现在的成槽设备可达1.0~1.2m，例如BH-12液压抓斗等。

2) 设计计算后需要的厚度：在水土压力及住宅等超载作用下，需要一定的墙厚，但也可采用T形或Ⅱ形等各种异型槽段，增加槽段刚度，减小槽壁厚度。

3) 经济上考虑：可根据受力的不同，采用不同形式和不同厚度的槽段，以求得经济上的合理。

(4) 地下连续墙的破坏机理

地下墙破坏形式可分为稳定性破坏与强度破坏两种形式。稳定性破坏包括整体性失稳、基坑隆起与管涌或流砂现象等；强度破坏则包括支撑强度不足，或压屈而发生破坏，以及墙体强度不足而引起的破坏。

1) 整体失稳：在松软的地层中，基坑开挖规模较大，由于支撑位置不当或施工中支撑围护系统结合不牢等原因，使墙体位移过大或倾覆，导致基坑外土体产生大滑坡或塌方，致使地下连续墙支护结构系统整体失稳破坏。

2) 基底隆起：对软弱的黏性土，当基坑内土体不断挖去时，内外土面的高差对墙外、土体如一加载作用，若墙体入土深度不足，基坑内土体便会大量隆起，墙外土体产生沉陷，使支撑系统应力大大增加，导致整个地下墙支撑设施失稳破坏。

土体隆起验算的常用方法请参阅一些相关岩土工程设计的专业书籍，在此不再重述。

3) 管涌及流砂：在含水的砂层中采用地下墙作为挡土、防水结构时，由于开挖面挖抽水使基坑内外产生水头差，当动水压力的渗流速度超过临界流速，或水力梯度超过临界梯度时，就引起了管涌及流砂现象。此时开挖面内外地层中砂大量流失，导致地面崩陷，同时使墙底过量的向内位移及支撑应力大大增加，引起整个支挡系统崩坏。

相关的验算方法请参阅一些专业书籍，在此不再重述。

(5) 地下连续墙的强度计算

1) 荷载：作用在地下墙上的侧压力包括水压力和土压力。

① 土压力：土压力包括主动土压力、被动土压力、静止土压力。

土压力的计算应考虑：土的物理力学性质（主要指土的重力密度、抗剪强度），支护体相对土体的变位方向、大小，地面坡度、地面超载和邻近基础荷载，地下水位及其变化，支护结构类型及其刚度，基坑工程的施工方法和顺序等因素。

主动土压力是支护体在水土压力作用下，向开挖面方向发生变形，其变形值为开挖深度的0.1%～0.4%时产生之土压力，其计算值为：

$$P_a = (q + \sum \gamma_i h_i) K_a - 2c_i \sqrt{K_a} \tag{2-1}$$

式中　P_a——计算点处的土压力强度，kPa；

K_a——计算点处的主动土压力系数。

被动土压力是支护体向背向开挖面的方向变化，其变形值为开挖深度的1%时产生的压力值，其计算值为：

$$P_p = (q + \sum \gamma_i h_i) K_p + 2c_i \sqrt{K_p} \tag{2-2}$$

式中　P_p——计算点处的被动土压力值，kPa；

K_p——计算点处的被动土压力系数。

静止土压力是指当支护体刚度较大、变形较小时产生的土压力，其计算值为：

$$P_0 = (q + \sum \gamma_i h_i) K_0 \tag{2-3}$$

式中　P_0——计算点处的静止土压力值，kPa；

K_0——计算点处的静止土压力系数，一般由试验确定，当无试验条件时，可按$K_0 = 1 - \sin\varphi$计算，φ为土的有效内摩擦角（°）。国外许多资料表明，一般K_0在0.3～0.8之间，可近似地取0.5。

太沙基及派克等根据实测资料，曾提出土压力成矩形或梯形分布的包络线的建议。

② 水压力：至于水压力，一般取静止水压力值。只有当地下水有稳态渗流时，才用流网法分析，计算作用在支护结构上的水压力值。

2）支撑条件假定：作为挡土结构的地下墙，随着基坑开挖的进行，将受到土压力作用力而变形，这些力和变形需靠支撑（或锚杆）系统与被动侧土体来支撑。

① 对于支撑或锚杆系统，有两种不同假定：作为支点无位移的定位支撑；考虑支撑或锚杆变形的弹性支撑。

② 对于被动侧土体受力情况，亦有两种假定：依靠墙侧摩阻力为主的支撑；以墙端承载力为主的支撑。

3）计算方法：作为挡土结构的地下连续墙的计算，目前国内外的常用方法可大体归纳为以下几类。

① 塑性法：本法假定墙前、墙后土体都处于塑性平衡状态，属于这类方法的有弹性线法（勃鲁姆-罗迈依尔法）、自由端法、相当梁法等。

② 弹性法：本法假定墙周土体处于弹性平衡状态，此时墙体弹性曲线方程可变成：

$$EI \frac{d^4 y}{dx^4} + p = 0 \tag{2-4}$$

式中　EI——墙的截面抗弯刚度；

p——墙前土的地基反力，$p = Kx^m y^n$；K为地基水平向反力系数；x为所考虑点的入土深度；y为该点的横向变形，$n=1$为线性弹性法，$n \neq 1$为非线性弹性法；取$m=0$，$p=Ky$；$m=1$，$p=Kxy$。

③ 弹塑性法：本法假定在变形较大的地表面至某一深度处，地基具有塑性区，在塑性区以下的地基则为弹性区。在塑性区内，根据一般土压力理论来确定地基反力，而在弹性区内，则假定地基反力为线性的。

④ 经验方法：一般采用太沙基-派克建议的土压力包络图作荷载，而将没有多层支撑的地下墙作为一刚性支承连续梁，并利用经验公式求出内力。求得的支座弯矩为：

$$M = \frac{PL}{10} \tag{2-5}$$

⑤ 有限元法的应用：随着电子计算机技术的发展，有限元法已在结构分析中广泛应用。有限元法又可分为：弹性地基杆系有限单元法、弹性地基薄板有限单元法和弹性地基薄壳有限单元法。

3. 内力及变形计算的主要原理方法

（1）极限平衡法

极限平衡法假定作用在结构上的前后墙上的土压力分别达到被动土压力和主动土压力，在此基础上再作某些力学上的简化，把超静定的结构力学问题作为静定问题求解。

用极限平衡法计算围护结构的入土深度和内力时，一般可采用等值梁法或静力平衡法。这两种方法在计算挡土结构的整体稳定和内力时，作用在围护结构上的土压力分布模式为：迎土侧一般可取主动土压力，开挖侧坑底以下取被动土压力；当需要控制墙体的水平位移时，主动土压力和被动土压力可按下列公式给以调整：

主动土压力系数 K_a 的调整值 $K_{ma} = 0.5(K_0 + K_a)$。

被动土压力系数 K_p 的调整值 $K_{mp} = (0.5 \sim 0.7)K_p$。

计算锚撑式钢板桩等柔性围护结构的内力时，宜采用经验土压力的分布图式。按静力平衡法计算锚撑式围护结构时，应符合以下假定：

1）应逐层计算基坑开挖过程中每层支撑设置前围护结构的内力，达到最终

挖土深度后，应验算围护结构抗倾覆的稳定性；当基坑回筑过程中需要拆除或替换支撑时，尚应计算相应状态下围护结构的稳定性及内力。

2）应根据围护结构嵌固段端点的支撑条件合理选定计算方法。一般情况下视为简支，按等值梁法计算；当嵌固段土体特别软弱或入土深度较浅时，可视为自由端，按静力平衡法计算。

3）假定支撑为不动支点，且下层支撑设置后，上层支撑的支撑力保持不变。

静力平衡法的主要缺陷：

1）在分阶段计算过程中都不考虑设置支撑前墙体已有的位移，所以并没有反映施工过程中墙体受力的连续性，故只是一种浅基坑（支撑层数少）和支撑刚度很大情况下的近似。支撑层数越多、地层越软、墙体刚度越大，计算结果与实际出入越大。

2）假定设置支撑后，支撑点墙体无位移。事实上在基坑开挖过程中，顶部横撑由于墙体朝向迎土侧变形而可能失效。

3）难以反映深基坑开挖过程中各种复杂因素，如施加预应力、墙体刚度变化、土体刚度变化等对墙上土压力分布和墙体内力的影响。

4）无法提供深基坑工程设计所需的墙体位移的数值。

虽然极限平衡法存在较多的缺陷，但这种方法也有简单快捷，无需借助电子计算机就能解决问题的优点。其适用范围为：①围护结构的抗倾覆稳定计算；②只适用于三类基坑和地层条件与环境条件较好的二类基坑，多支点结构尽量不用；③在内力计算中，提倡采用经验土压力分布模式，依据经验对计算结果进行修正。

（2）等值梁法

1）主要原理

等值梁法亦称为固定端支承法，通常围护结构需要有较大的插入深度，故可假定围护结构在底端范围内是固定的。它假定基坑底下某点（常取土压力为零点处）为假想铰，然后按照弹性结构的简支梁或连续梁求得围护结构，参考图 2-6。

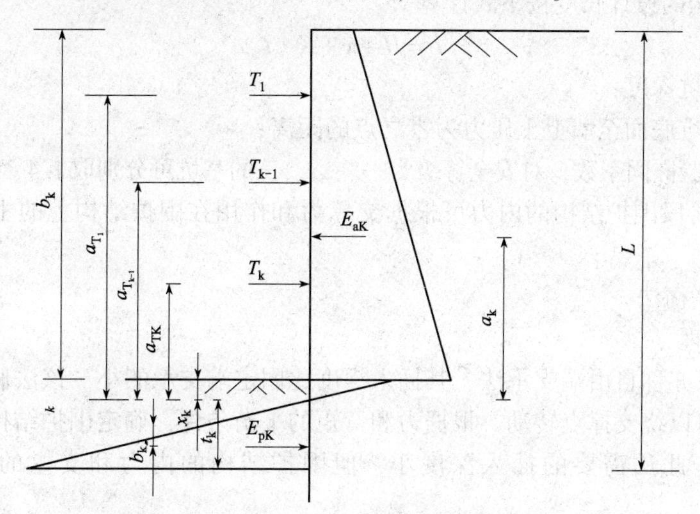

图 2-6　锚撑式结构等值梁法计算简图

2）计算方法

① 基坑面以下围护结构的反弯点取在土压力为零的 C 点，并视为等值梁的一个铰支点。

② 第一层支撑设置后的围护结构的计算，基坑深度 h_1 取第二层支撑设置时的开挖深度；按下式计算第一层支撑的支撑力 T_1：

$$T_1 = E_{a1} \cdot a_1 / a_{T1} \tag{2-6}$$

式中　E_{a1}——基坑开挖至 h_1 深度时，主动侧土压力的合力；

a_1——E_{a1} 对反弯点的力臂；

a_{T1}——第 1 层支撑力对反弯点的力臂。

③ 第 K 层支撑设置后围护结构的计算，基坑深度 h_k 取第 $k+1$ 层支撑设置时的开挖深度，第 1 层至第 $k-1$ 层支撑的支撑力为已知；第 k 层支撑的支撑力 T_k 按下式计算：

$$T_k = (E_{ak} \cdot a_k - \sum T_a - a_{TA}) / a_{Tk} \tag{2-7}$$

式中　E_{ak}——基坑开挖至 h_k 深度时，主动侧土压力的合力；

a_k——E_{ak} 对反弯点的力臂；

T_a——第 1 层至第 $k-1$ 层支撑的支撑力；

a_{TA}——第 1 层至第 $k-1$ 层支撑的支撑力对反弯点的力臂；

a_{Tk}——第 k 层支撑的支撑力对反弯点的力臂。

④ 第 K 层支撑设置后，基坑开挖至 h_k 深度时支护结构的嵌固深度 t_k 应满足下式：

$$t_k \geqslant E_{pk} \cdot b_k / Q_k \tag{2-8}$$

式中　E_{pk}——基坑开挖至 h_k 深度时，被动侧土压力的合力，板桩墙和地下连续墙的被动土压力宜根据地区经验进行修正；

b_k——E_{pk} 对支护结构下端的力臂；

Q_k——反弯点处支护结构单位宽度的剪力，按下式计算：

$$Q_k = E_{ak} - \sum T_A \tag{2-9}$$

⑤ 围护结构的设计长度按下式计算

$$L = H + x + K \cdot t \tag{2-10}$$

式中 H——基坑深度；

x——基坑底面至墙上土压力为零之点的距离；

K——经验嵌固系数，对安全等级为一、二、三的基坑可分别取 1.4、1.3、1.2。

⑥ 各施工阶段围护结构的内力可根据支撑力和作用在围护结构上的土压力按常规方法求得。

（3）静力平衡法

1）主要原理

静力平衡法亦称自由端支承法，其插入深度比固定端支承的小。该法假定围护结构是刚性的，并且可以绕支撑点转动。根据力和弯矩的平衡条件，确定围护结构的内力、插入深度和支撑力。此法需要的插入深度小，但围护结构的内力和支撑的轴力较大，参考图 2-7。

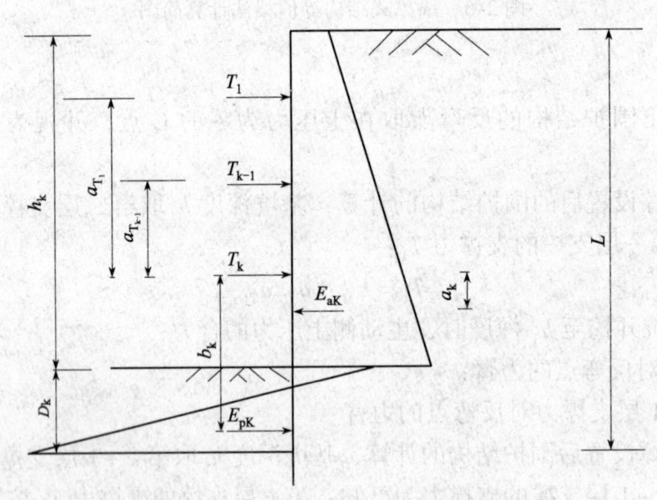

图 2-7 锚撑式结构静力平衡法计算简图

2）计算方法

① 第一层支撑设置后围护结构的计算，基坑深度 h_1 取第二层支撑设置时的开挖深度；按下式计算第一层支撑的支撑力 T_1。

$$T_1 = E_{a1} - E_{p1} \tag{2-11}$$

式中 E_{a1}——基坑开挖至 h_1 深度时，主动侧土压力的合力；

E_{p1}——基坑开挖至 h_1 深度时，被动侧土压力的合力。

② 第 k 层支撑设置后围护结构的计算，基坑深度 h_k 取第 $k+1$ 层支撑设置时的开挖深度，第 1 层至第 $k-1$ 层支撑的支撑力为已知；第 k 层支撑的支撑力 T_k 按下式计算：

$$T_k = E_{ak} - E_{pk} - \sum T_a \tag{2-12}$$

式中　E_{ak}——基坑开挖至 h_k 深度时，主动侧土压力的合力；

E_{pk}——基坑开挖至 h_k 深度时，被动侧土压力的合力，板桩墙和地下连续墙的被动土压力宜根据地区经验进行修正；

T_a——第 1 层至 $k-1$ 层支撑的支撑力。

③ 第 K 层支撑设置后围护结构的入土深度 D_k 应满足下式：

$$E_{pk} \cdot b_k - E_{ak} \cdot a_k - \sum T_a \cdot a_{TA} = 0 \tag{2-13}$$

式中　b_k——基坑开挖至 h_k 深度时，E_{pk} 对第 k 层支撑点的力臂；

a_k——基坑开挖至 h_k 深度时，E_{ak} 对第 k 层支撑点的力臂；

a_{TA}——第 1 层至第 $k-1$ 层支撑的支撑力结第 k 层支撑点的力臂。

④ 支护结构的实际长度 L 按下式计算：

$$L = H + KD \tag{2-14}$$

式中　H——基坑深度；

D——对最下一层支撑计算所得的围护结构的入土深度；

K——入土深度的增大系数，对安全等级为一、二、三级的基坑分别取 1.40、1.30、1.20。

⑤ 各施工阶段围护结构的内力可根据支撑力和作用在围护结构上的土压力按常规方法求得。

（4）平面分析的土抗力法

1）基本原理

平面分析的土抗力法即是将排桩或地下连续墙简化为侧向地基上的弹性地基梁，墙背作用土压力，支撑和被动区土体简化为等效弹簧，从而计算支护结构和支撑的内力和变形。

适用范围：锚拉式支撑系统或受力比较对称的内支撑挡土结构。一类基坑和地层软弱，环境保护要求高的基坑、多支点支护结构或空间效应比较明显的围护结构。

土抗力法的计算精度主要取决于一些基本计算参数的取值是否符合实际，如果基床系数、墙背土压力分布，支撑的松弛系数等。各地可通过地区经验加以完善。注意在淤泥地层中，由于难以反映土体的流变效应，计算墙体的水平位移可能偏小，应通过工程实践予以调整。

2）计算要点

基本假设

① 考虑受弯构件应力达到设计状态时已经出现裂缝，构件的实际刚度有所降低，故对围护墙的刚度进行折减：对于钢筋混凝土墙体，取抗弯刚度折减系数 $K=0.6$。对于钢板桩：当桩顶不设圈梁并打入软土时，$K=0.7$；当桩顶设置刚度较大的圈梁时，$K=0.9$；锁口封焊时，$K=1.0$。

② 支承条件：一般假定墙背土压力为定值，故墙体支承开挖侧坑底以下地层及支撑上，墙脚支承在地基上，一般不计墙角的竖向位移。

③ 支撑为弹性体，其对围护结构的作用压缩（采用锚杆时为拉伸）刚度等效的弹簧模拟。当支撑处的墙体计算位移小于设置支撑前的位移时，支撑弹簧即失效。支撑弹簧刚

度按各式计算：

内支撑：
$$K=2aEA/(LS) \quad (2\text{-}15)$$

式中 K——相当于每延米墙宽的支撑弹簧刚度，kN/m²；

a——与支撑松弛有关的折减系数，钢筋混凝土支撑取1.0，钢支撑取0.7～1.0；

E——支撑材料的弹性模量，kN/m²；

A——支撑构件的截面积，m²；

L——支撑的长度，m；

S——支撑的水平间距，m。

锚杆：
$$K=1/[(\delta_r+\delta_a)S] \quad (2\text{-}16)$$

式中 K——相当于每延米墙宽的锚杆的轴向弹簧刚度，kN/m²。

δ_r——钢拉杆的单位伸长量，m，由下式计算：
$$\delta_r=L_r/E_s\cdot A_s \quad (2\text{-}17)$$

δ_a——锚固体的单位伸长量，m，由下式计算：
$$\delta_a=L/3\cdot E_c\cdot A_c \quad (2\text{-}18)$$

式中 L_r——非锚固段长度，m；

L——锚固段长度，m；

E_s——钢拉杆的弹性模量，kN/m²

E_c——锚固体的组合弹性模量，kN/m²，由下式计算：
$$E_c=(E_s\cdot A_s+E_m\cdot A_m)/(A_s+A_m) \quad (2\text{-}19)$$

A_s——钢拉杆的截面积，m²；

A_c——锚固体的截面积，m²；

A_m——锚固体中砂浆的截面积，m²；

E_m——锚固体中砂浆的弹性模量，kN/m²；

S——锚杆的水平间距，m。

④ 用土体等效弹簧模拟地层对墙体位移的约束作用。土体应力处于弹性状态时，地层抗力符合文克尔假定，按下式计算：
$$R=K_hY \quad (2\text{-}20)$$

式中 R——计算点水平方向的地基反力强度，kN/m²；

Y——计算点墙体的水平位移，m；

K_h——计算点水平方向的地基基床系数，kN/m³，与地层条件、承压面积、构件形状和位移量等因素有关，可假定与深度成正比或与深度无关的常数，其数值宜参考当地类似工程的实践或通过现场土工试验设定，当不具备条件时，可近似按表2-1选用。

地基基床系数经验值（单位：kN/m³） **表2-1**

序号	地基土类别	预制桩、钢桩	灌注桩
1	淤泥、淤泥质土、饱和湿陷性黄土	2～4.5	2.5～6
2	流塑（IL>1）～软塑（0.75<IL<1）状黏性土，e>0.9粉土，松散粉细砂，松散-稍密填土	4.5～6.0	6～14

续表

序号	地基土类别	预制桩、钢桩	灌注桩
3	可塑（$0.25 < IL < 0.75$）状黏性土，$e = 0.75 \sim 0.9$ 粉土，湿陷性黄土，中密填土，稍密细砂	6.0 ~ 10	14 ~ 35
4	硬塑（$0 < IL < 0.25$）~ 坚硬（$IL < 0$）黏性土，湿陷性黄土，$e < 0.75$ 粉土，中密的中粗砂，密实填土	10 ~ 22	35 ~ 100
5	中密-密实砾砂，碎石类土		100 ~ 300

当支护结构为密排桩或地下连续墙时，表中的系数宜适当降低。

当假定 K_h 为与深度无关的常数时，开挖面坑底以下一定深度范围内宜取三角形分布。

⑤ 不计对墙体施加的预应力在加载装置拆除时的压力损失。

⑥ 不考虑土体的流变效应。

⑦ 当土弹簧内力大于被动土压力时宜予以调整。

⑧ 预应力的施加方法：

a. 通过安装在横撑活接头端的油压千斤顶对墙体施加预定的预压力，迫使墙体产生朝向地层一侧的位移，位移稳定后锁紧千斤顶。

b. 对墙体施加预定的预压力，并在墙体位移稳定后，用钢契楔紧横撑活接头端的间隙，油泵回油后，拆除千斤顶。

以上两种方式都可以认为横撑是在施加预加压力使墙体位移稳定后才开始对墙体起作用的，所以可把施加预压力作为架设支撑前的一个独立的受力阶段。不同的是，第一方式预加压力始终作用在墙上，支撑只是在向下继续开挖的过程中才起作用。第二种方式则可把对墙体施加预应力的过程分解为两个独立的阶段：在横撑的支点处通过千斤顶对墙体施加集中力；在支点处设置横撑，拆除千斤顶，释放此集中应力。对于施加预应力工况，应在墙背增设土弹簧。

3）计算模式：考虑施工过程受力继承性的基本方法有“总和法”和“增量法”两种模式。

适用范围：“总和法”和“增量法”都可以用于整个受力过程中墙体刚度不发生变化的情况，否则应采用“增量法”。

①“总和法”模式

在总和法的计算简图中，已知外荷载是施工阶段实际作用在墙体上的有效土压力或其他荷载，支承由支撑弹簧和地层弹簧组成。在支承处应输入设置支承前该点墙体已产生的水平位移，由此可以直接求得当前施工阶段完成后围护结构的实际位移和内力。

下图为总和法计算的具体过程。注意其只适用于对墙体施加的预应力趋于稳定后采用横撑替代千斤顶的加载方法，若基坑开挖过程中各层支撑的预加压力装置始终起作用，则下图中的 T_i 在以后的计算工况中应予以保留。

②“增量法”模式

在增量法的计算简图中，外荷载是相当于前一个施工阶段完成后的荷载增量，支承由支撑弹簧和地层弹簧组成。所求得的围护结构的位移和内力是相当于前一个施工阶段完成后墙体已产生的位移和内力叠加，可得到当前施工阶段完成后体系的实际位移和内力。

增量法计算中荷载增量的计算方法：

a. 支撑的拆除：相当在拆撑处反向施加这一支撑力，见图2-8。

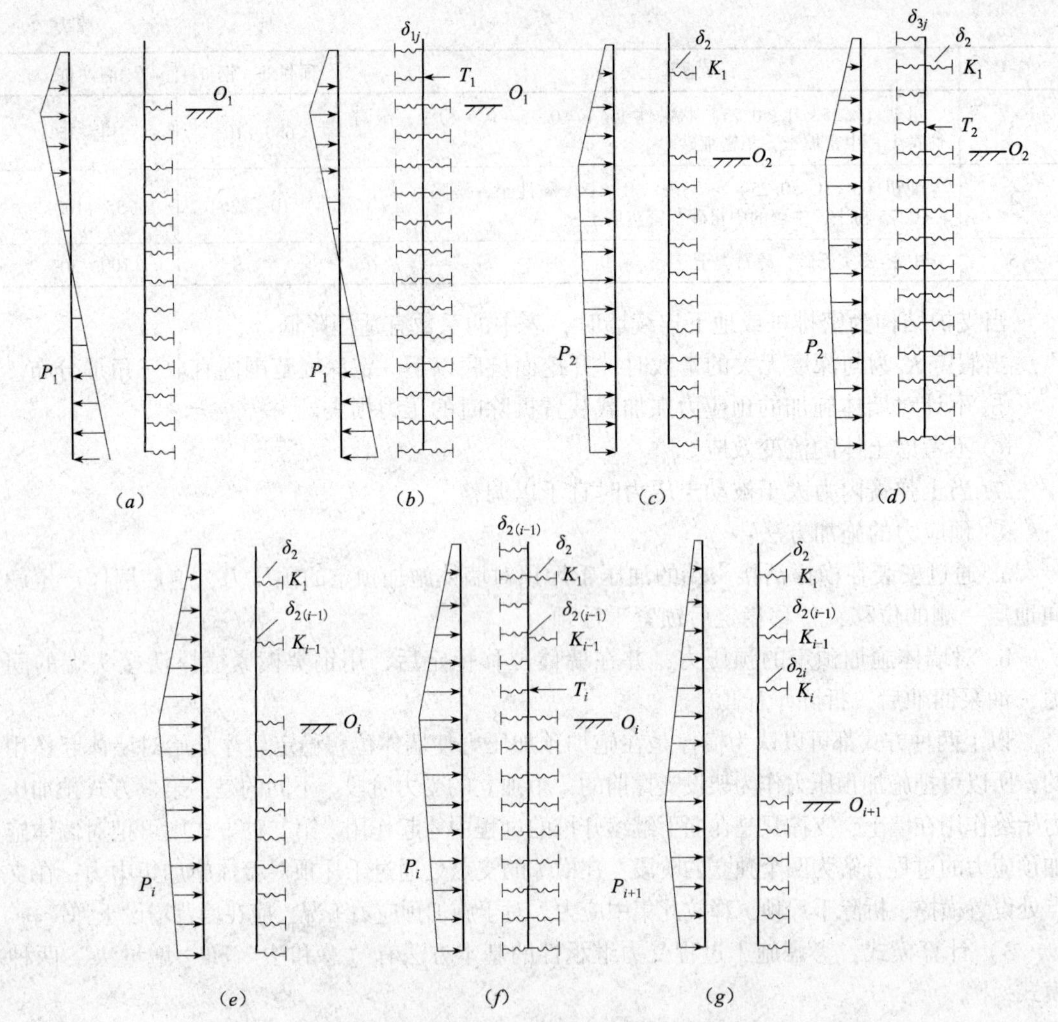

图 2-8 围护结构在基坑开挖阶段的计算简图（墙背土压力为定值）

b. 坑底土被挖除：坑底土被挖除时作用在墙上的荷载增量由两部分组成。第一部分为由于开挖引起的侧土压力的减少；由于墙背计算土压力为常数（一般为主动土压力），故侧土压力增量实际就是开挖侧静止土压力的减少值，其变化规律坑底以上为三角形分布，坑底以下为矩形分布。第二部分为被挖除土体中的土抗力的释放，相当于在挖除土部位对墙体反向施加的这些土抗力。采用 m 法计算时，还应考虑坑底土弹簧的刚度随开挖过程而变小，由此产生的荷载增量与土抗力的方向相反，见图 2-9。

c. 活载效应：活载是一种可变荷载，只是当前的计算阶段中起作用，对每个受力阶段，都需计算有、无可变荷载作用的两种工况，将它们与前面各步中无可变荷载时的计算结果叠加。

d. 结构自重：仅当构件第一次在计算简图中出现时考虑。

(5) 其他方法

除上述提及的常用方法外，还可采用考虑主动土压变化的平面土抗力法，将围护结构进行整体分析的土抗力法，平面有限元计算法等。

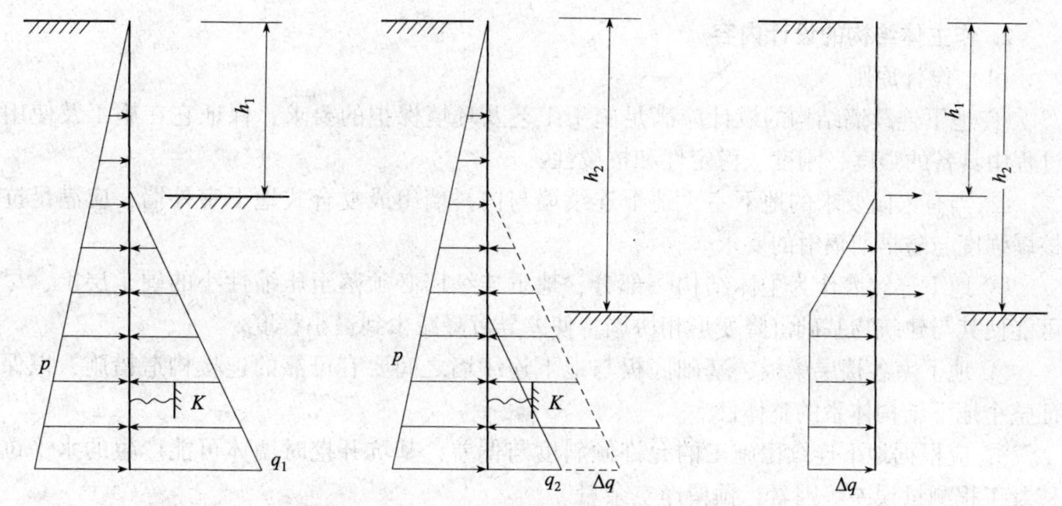

图 2-9　坑底土被挖除时作用在墙上的荷载增量

2.2.3　地下连续墙作地下室结构外墙的设计

1. 地下连续墙与主体结构的结合方式

桩墙式围护结构的设计应满足施工工艺及环境保护要求，保证其在施工及使用过程中必须具备的强度、刚度、稳定性和抗渗性；宜将钢筋混凝土围护结构作为主体结构的一部分加以利用。

地下连续墙作为主体结构的一部分时，应根据使用目的、地层条件和受力要求等、合理确定其与主体结构的结合形式，一般有单一墙、分离墙、重合墙和复合墙等形式。围护结构与内衬墙的结合方式：

视围护结构与内衬之间传力方式不同，有以下两种基本构造形式：①复合式构造：可用于连续墙与内衬的连接。通过对连续墙的凿毛、清洗，当连续墙与内衬结合面的剪应力超过 0.7MPa 时还在两者之间设置拉结钢筋以保证剪力的传递。结构分析时可把两者视为一个整体墙；②重合式构造：多用于两者之间敷设有防水夹层时，为保护防水效果，围护墙与内衬之间一般不用钢筋拉结，故称为仅能在垂直于墙面方向传递压力的重合式结构。当在无水地层重用分离式灌注桩作坑壁支护时，虽然其与内衬之间也有设置拉结钢筋，但由于连接较弱，可视为重合式结构，此时墙面之间不仅可以传递压力，也可能传递一定的拉力。

地下连续墙与内衬墙组成复合结构时，应采取构造措施保证结合面能够可靠地传递剪力。视结合面实际剪力的大小，可分别采取在地下连续墙内侧普遍凿毛、设置抗剪槽和在墙内预埋拉结钢筋等措施。当地下连续墙与主体结构的水平构件连成整体时，应在地下连续墙的内侧墙面与水平构件连接的范围内设置深度不小于 70mm 的抗剪凹槽。

地下连续墙作为主体结构的一部分时，应进行与梁、板等水平构件的连接形式及构造设计，与内衬墙的结合方式及构造设计。围护结构与内衬墙之间的连接可按下列原则处理：①当为复合墙时，内衬施工后两者可按厚度相加的整体墙计算；②当为重合墙时，两者之间只传递压力，不能传递拉力、剪力及弯矩。

地下连续墙与主体结构的水平构件连接时，视受力要求的不同，可在墙内预埋连接筋、连接器或连接板锚筋等措施。钢筋的锚固长度应符合构造要求。

2. 作主体结构的设计内容

（1）设计原则

① 地下连续墙结构的设计应满足施工工艺及环境保护的要求，保证它在施工及使用过程中具备的强度、刚度、稳定性和抗裂性。

② 当有人防要求的地下室，地下连续墙与内衬墙组成复合式地下室外墙，应满足抗核爆强度与防早期辐射的要求。

③ 地下连续墙作为主体结构一部分，地下连续墙必须落至压缩性小的硬土层上，尽可能使其与建筑物基础沉降变形相协调，使差异沉降减少到最小程度。

④ 地下室各楼层梁板、基础底板与地下连续墙之间要有可靠的连接构造措施，以保证整个地下结构体系的整体性。

⑤ 应根据地下连续墙施工的允许倾斜度与偏差，基坑开挖时墙体可能产生的水平位移及工程测量误差等因素，预留净空余量。

⑥ 工程规模大、地质条件或受力条件复杂、临近地面建筑物或重要地下管线变形敏感的深基坑工程，宜采用信息化设计。

（2）设计内容

1）地下连续墙承受侧向压力的计算

① 墙体承受的侧压力包括土压力、水压力及基坑周围的建筑物与施工过程中的荷载所引起的侧向压力。对有人防要求的地下室还需要考虑核爆等效静荷载外侧压力。

② 计算地下连续墙结构的整体稳定性，墙体入土深度时，作用在墙体上的土压力分布模式：墙外侧（即迎土侧）可取主动土压力，墙内侧（即开挖侧）基坑开挖面以下可取被动土压力。

③ 计算地下室“逆筑法”施工阶段地下连续墙的内力与变形时，墙外侧在基坑开挖面以上一般可取主动土压力按直线增加的三角形分布计算，基坑开挖面以下取解开那个开挖面处的主动土压力计算按矩形分布。墙内侧在基坑开挖面以下被动土体以上土体弹性抗力的弹簧刚度代替。

④ 计算地下室使用阶段的地下连续墙与内衬墙组成复合式外墙内力与变形时，墙外侧在地下室底板面以上可取静止土压力，按直线增加的三角形分布，地下室底板以下取地下室底板面处静止土压力计算按矩形分布。墙内侧地下室底板底面以下被动土体仍以土体弹性抗力的弹簧刚度代替。对于有人防要求的地下室还需考虑核爆等效静荷载的外侧压力。

2）地下连续墙入土深度的确定

当地下连续墙作为地下室的承重外墙，其墙底端嵌入压缩性小的硬土层内一定深度时，由于地下连续墙在多层地下室“逆筑法”施工过程中连续墙在地下室各楼层处预留水平槽口和预留钢筋与地下楼层周围的梁板咬合和锚拉连接，其整体性强。因此，其地下连续墙抗倾覆稳定性验算，可按下列公式计算：

$$F = P_p L_p + T_c L_c / P_a L_a - M \geqslant 1.5 \tag{2-21}$$

式中 P_a——最后一道支撑点以下墙外侧主动土压力的合力，kN；

P_p——基坑开挖面以下墙内侧被动土压力的合力，kN；

T_c——墙底端土层抗水平剪力，kN；

L_a、L_p、L_c——P_a、P_p、T_c至最后一道支撑点的距离，m。

3）地下连续墙在侧向压力作用下内力与变形计算

一般可采用竖向弹性地基梁的土抗力法进行计算，基本原则和方法是：地下室“逆筑法”施工中，墙体内侧随着基坑开挖面降低，逐层浇筑地下室楼层的梁和周围部分楼板，并与地下连续墙连成一体，计算模型是沿竖向取单位宽度（$B=1\text{m}$）墙，以支撑梁板及基坑底下土体为支承的竖向弹性地基梁计算，墙体后临土侧压力；在开挖面以上一般可取主动土压力按直线增加的三角形分布，在开挖面以下取开挖面处土压力计算按矩形分布，墙体前基坑开挖面以上的水平支撑梁按弹性支撑考虑，其刚度系数 K_t 按以下公式计算，开挖面以下被动土体按弹性抗力状态，以土体弹簧刚度系数 K_s 计算，可按 m 法取值。

内水平支撑梁板综合刚度系数（水平支撑梁垂直于墙面）：

$$K_t=(2aE_zA_z/LS)\times 1/(2aE_zA_zS^3/192LE_jI_j+1) \tag{2-22}$$

土体弹簧刚度系数：

$$K_s=L_iBmZ \tag{2-23}$$

式中　E_z——水平支撑梁材料弹性模量，kN/m^2；

A_z——垂直于墙面水平支撑梁截面积，m^2；

E_j和 I_j——分别为与墙面平行且和墙体相连的地下室楼层周边水平梁或板带材料弹性模量（kN/m^2）和截面惯性矩（m^4），周边水平梁或板带为受弯构件，E_j和 I_j 需打折；

S——垂直于墙面的水平支撑梁之间的水平间距，m；

L——垂直于墙面的水平支撑梁的计算长度，m；

a——与支撑松弛有关的系数，可取 0.5～1.0；

B——地下连续墙计算单位宽度 $B=1\text{m}$；

L_i——基坑面以下各土体弹簧刚度系数计算单元竖向长度，m；

Z——基坑面以下各土体弹簧刚度系数计算点离基坑面的距离，m；

m 值宜参考当地类似工程的实践或通过现场土工试验确定，当无试验资料，可参考桩墙计算部分取值。

在实际应用中，m 值沿深度增加，但并不是沿深度无限增加，而是在某深度以下取为定值，此深度一般可取 5m 和 $1.8S$，S 可按下列公式计算。

$$S=5(EI/mB_0)^{1/2} \tag{2-24}$$

式中　EI——地下连续墙的墙身的刚度，$\text{kN}\cdot\text{m}^2$；

m——土的 m 值，kN/m^4；

B_0——相对的换算宽度，对地下连续墙取 1m。

当计算基坑面以下 $1.8S$ 深度范围内 m 值可取各土层 m 的加权平均值。

地下室“逆筑法”施工是挖一层土方，浇筑一层地下室、楼板梁和四周部分楼板混凝土，在施工地下楼层梁板和梁板混凝土硬化过程中，墙体均有不同程度的位移，尤其对于软弱淤泥土会往基坑内产生蠕变，墙体位移更为突出，而地下楼层梁板在“逆筑法”施工时又以地下连续墙连成一体，又无法对墙体施加预应力来减少墙体位移，这对墙体计算弯矩和支撑力均有影响，墙体刚度越大，影响也越大。因此应按照各支撑设置前后的各个状态，分别进行墙体内力与支撑力计算，考虑墙体位移和支撑变形后，墙体计算内力将会增大，支撑力也会出现向上转移的现象，随意墙体内侧配筋和第一道水平支撑计算，应留有一定的安全余量。

4）地下连续墙在使用阶段的内力与变形计算

地下室施工完成后，墙外侧向土压力由主动土压力状态逐渐地恢复到静止土压力状态，所以，地下连续墙后面侧压力要按静止土压力进行计算，其计算模型与施工阶段相似，但这时地下室各楼层及底板已形成平面内刚度巨大的刚性体系，墙前支撑均可按不动支撑点考虑，基础底板以下土体仍按土体弹簧刚度系数考虑。

墙体按上述施工阶段各种工况与使用阶段的计算弯矩汇总，墙身按总弯矩包络图进行分段竖向配筋计算。

5）地下室转角L形连续墙横向水平配筋计算

为了保证地下室平面形状和转角处的防水问题，地下连续墙在地下室转角处需做成L形槽段，L形连续墙在外侧向压力作用下，需作水平向弯曲进行连续墙外侧横向水平配筋，其内侧水平仅可按构造配筋，一般取$\Phi16@200$。

6）地下连续墙强度计算

地下连续墙既作基坑开挖时挡土、阻水的临时围护结构，同时又与内衬墙组成复合式结构作为永久地下承重外墙，其内力按上面所述的按施工阶段和使用阶段进行计算，并绘出弯矩与剪力包络图，同时相应计算出作用在连续墙上竖向荷载（墙顶上部结构荷载与地下室楼层荷载）所产生的墙体轴力和竖向荷载偏心所引起的弯矩（或结构整体分析弯矩），然后进行墙体控制截面内力最不利组合，由于上述计算荷载均用标准值进行墙体的内力分析计算，故内力乘以1.25综合系数和重要性系数后，按混凝土结构设计规范GB 50010—2010进行连续墙截面强度计算，鉴于地下连续墙为水下浇灌混凝土，混凝土强度取值宜考虑混凝土不均匀系数0.8。地下室“逆筑法”施工，地下连续墙在外侧压力作用下其内力（弯矩与剪力）一般由施工阶段计算内力控制，进行墙体截面强度计算，可不考虑内衬墙的作用，仅为安全储备，但对于在“逆作法”施工阶段加临时性水平支撑，且内衬墙在临时性水平支撑拆除前施工完成，进行使用阶段墙体内力与强度计算，可根据下列两种情况进行内外墙弯矩计算后，进行墙体截面强度计算。

① 当外墙与内衬墙贴合，但不考虑结合面传递剪力时，内外墙的内力（M、N）可近似假定按墙体刚度比例分配计算，即：

$$M_{内} = E_{内}I_{内}/(E_{内}I_{内} + E_{外}I_{外}) \cdot M_{总} \tag{2-25}$$

$$M_{外} = E_{外}I_{外}/(E_{内}I_{内} + E_{外}I_{外}) \cdot M_{总} \tag{2-26}$$

$$N_{内} = A_{内}/(A_{内} + A_{外}) \cdot N_{总} \tag{2-27}$$

$$N_{外} = A_{外}/(A_{内} + A_{外}) \cdot N_{总} \tag{2-28}$$

式中 $E_{内}$、$I_{内}$、$A_{内}$——内衬墙的截面刚度，$kN \cdot m^2$；

$E_{外}$、$I_{外}$、$A_{外}$——外衬墙的截面刚度，$kN \cdot m^2$；

$M_{内}$、$N_{内}$——内衬墙的弯矩和轴力，$kN \cdot m$和kN；

$M_{外}$、$N_{外}$——外衬墙的弯矩和轴力，$kN \cdot m$和kN；

$M_{总}$、$N_{总}$——复合墙体总弯矩和总轴力，$kN \cdot m$和kN。

② 当外墙与内衬墙结合成为整体结构，结合面能够传递剪力时，墙体计算厚度取内外墙之和，按整体结构进行强度（配筋）计算时，必须确保内外墙结合面施工质量，常采用的措施有外墙内凿毛冲洗干净，加设剪力槽和剪力筋，交接面喷射胶粘剂，内衬墙宜采用喷射混凝土等。

对于有人防要求的地下室同样按上述两种情况考虑，并按人民防空地下室设计规范GB 50038—2005规定，进行墙体截面强度验算，并考虑防早期辐射的要求。

对于地下水有腐蚀性的地下连续墙，除了增加地下连续墙保护层厚度及采用相应的防腐蚀的水泥品种和骨料之外，还需对连续墙外侧面和地下室内侧面的墙体截面进行抗裂性验算。

7）地下连续墙的承载力计算

地下连续墙作为承重结构，目前尚无详尽的设计规范，根据国内外关于地下连续墙承重的研究和大量的工程实践，可以认为其设计可参照桩基设计原理。

① 地下连续墙仅作为地下室外墙，不承担上部结构的垂直荷载，仅承担自重和地下室楼板传递的一部分荷载；甚至当地下室设置边柱或底板下设置边桩时，则仅仅承受自重；

② 上部结构的一部分垂直荷载（柱荷载或墙荷载）直接作用于墙顶，地墙需承担自重、地下室楼板传递的一部分荷载和上部结构的垂直荷载。地下连续墙设计的桩筏基础设计，很重要的一个问题是地墙和桩、土如何分担上部结构的垂直荷载。地墙和桩、土的荷载分担与基础各部分的变形协调是密切相关的，因此地墙和桩的荷载分担问题也即是沉降问题。在常规设计中一般不考虑底板下地基土的分担作用，仅需考虑地墙和桩的载荷分担。

根据有关研究及工程实践，地下连续墙的承载力计算可采用桩基规范法和基床系数法。

① 桩基规范法

该计算方法假定直接作用于地下连续墙的垂直荷载和地下室楼板传递的一部分荷载完全由地墙承担，并不通过地墙与底板的连接，而将一部分荷载传递给底板。

作为承重结构的地墙通常在墙底注浆加固，以提高地墙的端承力。

采用桩基规范计算：

地墙侧摩阻力：
$$F = b\sum f_i l_i \tag{2-29}$$

地墙端阻力：
$$R_b = f_p ab \tag{2-30}$$

式中　R_b——地墙底端阻力；

a——地墙槽段的厚度，m；

b——地墙槽段的宽度，m；

f_i——第 i 层土的极限侧阻力，kPa；

f_p——墙端处土的极限端阻力，kPa；

l_i——第 i 层土的厚度，m；

设计中一般考虑地墙上的荷载完全由地墙承担，因此承担较大荷载的地墙槽段要有足够深，使其与土层间的摩阻力和端阻力平衡地墙的垂直荷载，不考虑可能发生地墙上一部分荷载传递给基础底板的情况。

根据地下连续墙的受力情况，采用规范中桩基沉降的计算方法，可计算地连墙沉降。

墙底地基土的附加应力为：
$$P_0 = (P + G - F_1 - F_2)/ab - \delta_z \tag{2-31}$$

式中　δ_z——墙底土的自重应力。

P——上部结构垂直荷载，其中包括直接作用于地墙顶的垂直荷载和地下室楼板传递的一部分荷载；

G——地墙自重；

F_1——外墙侧摩阻力；

F_2——底板下地墙内侧摩阻力。

根据规范的分层总和法及墙地下的土层条件，可计算地墙的沉降 S_w。

结构总荷载中除地墙分担荷载外，其他荷载均由桩基承担，依据规范可计算底板与桩基的沉降 S_p。

由于地墙和底板连接处的沉降应是协调的，即地墙与桩筏基础的沉降是协调的，因此可根据沉降差 $\Delta=(S_w-S_p)$ 计算地墙和底板连接处产生的内力 M、Q，从而根据节点内力进行该点的设计。

② 床基系数法

桩基规范法单独分析地下连续墙的承载情况，在地下墙承载分析中不考虑底板的影响，并且地下室哥层结构传递到墙上的荷载均为假定，计算分析较为简单。但实际上，地墙、桩和基础视为基础结构的竖向支撑弹簧，对地墙、桩和底板下地基土选取不同的基床系数 K，在结构荷载作用下，利用结构分析软件进行整体计算。可求出地墙、桩和底板的荷载分担、沉降以及各点的内力。

8）地下连续墙水平承载力计算

高层或超高层建筑在水平风力与地震作用下，其底部将会引起很大的水平剪力与倾覆力矩。利用地下室承重外墙的地下连续墙与结构基础组成联合基础，通过地面层梁板结构（板厚一般不小于180mm）将上部结构传来的巨大水平剪力传递给四周连续墙，可使绝大部分水平剪力通过连续墙侧面和底部的摩擦力来承担，而底部的倾覆力矩将由上部结构基础承担，从而可使结构受力更加合理，同时也可节约基础造价，取得较好的经济效益。

所以高层与超高层建筑的风力和地震作用产生的水平剪力，可按整个地下室联合基础各竖向构件刚度进行分配，各部分所分配到的剪力，分别进行强度和稳定性的验算。

① 地下连续墙抗转动验算的简化方法

对任一段地下连续墙，其长度为 L，分为长 l_i 的若干节，取O点为转动中心，其转动验算公式如下：

$$KF_h l_0 < \sum(f_{ai}+W_i+f_{wi}\times l_i/L)l_i \quad (2\text{-}32)$$

式中 W_i——第 i 节墙体自重；

f_{ai}——第 i 节墙体顶部的锚杆压力；

f_{wi}——第 i 节墙侧摩擦力；

F_h——该段连续墙分配到墙顶面处的水平力；

安全系数 K 取2.0。

② 抗滑动验算方法

如图2-10所示，取安全系数 $K=1.5$，公式如下：

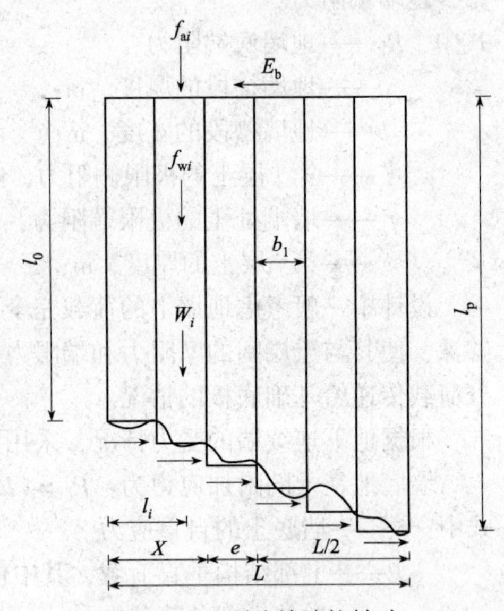

图2-10　地下连续墙抗转动、抗滑动计算简图

$$KF_h < \sum[(f_{ai} + W_i)\mu + f_{wi}] \tag{2-33}$$

式中　μ——墙体与基底的摩擦系数，其余字母同前。

③ 墙侧壁每米宽度上摩擦力 f_w 的计算

每米墙侧壁的侧压力合力 f_0 为（记 K_0 为静止土压力系数）：

$$f_0 = K_0 r h_1^2/2 + (2K_0 r h_1 + K_0 r' h_2) h_2/2 + K_0 r' h_3^2/2 \tag{2-34}$$

3. 地下连续墙作地下室结构外墙的布置方式

地下连续墙既可作为临时性挡土防水结构，也可作为永久性结构的一部分。其中除单独壁式不浇内衬外，其他三种形式均需浇内衬，内衬厚度一般为 20 ~ 40cm。例如江苏省人民检察院办案技术楼为单独壁式，不设内衬，而上海衡山路地铁车站为整体壁式；同济大学图书馆地下墙与内衬间有填充料为重复壁式（重合式）；锦江变电站地下墙与内衬隔开一条排水沟，之间仅有系件相连为分离壁式（分离式）。

地下连续墙用作主体结构的设计时，必须验算如下两种应力：在结构物完成之后，作用在墙体上的土压力、水压力以及作用在主体结构物上的垂直、水平荷载等产生的应力；在施工阶段，由作用在临时挡土墙上的土压力、水压力产生的应力。

当地下连续墙作为主体结构的一部分时，其设计方法因地下连续墙布置方式，即与主体结构的结合方式不同而有差别。地下连续墙作为主体结构的布置方式主要有四种：单一墙、分离墙、重合墙和复合墙。

（1）单一墙

单一墙即将地下连续墙直接作用主体结构地下室外边墙。此种布置形式壁体构造简单，地下室内部不需要另做受力结构层但此种方式主体结构与地下连续墙连接的节点需满足结构受力要求，地下连续墙槽段接头要有较好的防渗性能，在许多土建工程中常在地下连续墙内侧做一道建筑内墙（一砖墙），两墙之间设排水沟，以解决渗漏问题。

由于地下连续墙围护结构时水平支撑的位置和主体结构水平构件的位置不同，且支撑和地下连续墙与主体结构和地下连续墙的结合状态亦不同，所以施工期间地下连续墙内力与主体结构竣工后地下连续墙内力不同。主体结构竣工时地下连续墙内力是施工时地下连续墙内力与建成后作用在主体结构（包括地下连续墙）上的外荷载产生的内力之和。

在进行地下连续墙与主体结构物结合后的应力计算时，有时还需要对地下连续墙与主体结构因温差和干燥收缩而引起的应力或蠕变的影响进行验算。

（2）分离墙

分离墙是在主体结构的水平构件上设置支点，即将主体结构物作为地下连续墙的支点，起着水平支撑的作用。

这种布置形式的特点是地下连续墙与主体结构结合简单，且各自受力明确。地下连续墙的功用在施工和使用时期都起着挡土和防渗的作用，而主体结构的外墙或柱子只承受垂直荷载。当起着支撑地下连续墙水平横撑作用的主体结构各层楼板间距较大时，地下连续墙可能强度不足，可在水平构件之间设几个中间支点，并将主体结构的边墙加强。此时，可根据主体结构的刚度近似的计算中间支点的弹簧系数，进而计算出地下连续墙的内力。

分离墙形式作用于主体结构的荷载对地下连续墙的影响，除温度变化、干燥等引起的横梁伸缩而产生的作用力外，其他均不予考虑。

（3）重合墙

重合墙是把主体结构的外墙重合在地下连续墙的内侧，在两者之间填充隔绝材料，使之不传递剪力的结构形式。

这种形式的地下连续墙与主体结构地下室外墙所产生的垂直方向变形不相互影响，但水平方向的变形则相同。从受力条件看，这种形式较单一墙和分离墙均为有利。这种结构还可以随着地下结构物深度的增大主体结构外边墙的厚度，即使地下连续墙厚度受到极限时，也能承受较大应力。但是由于地下连续墙表面凹凸不平，对施工不利、衬垫材料厚薄不等，使应力传递不均匀。

主体结构刚刚建成时地下连续墙内力，是施工阶段墙体内力建成后作用于主体结构上的外力产生的应力之和。由于地下连续墙与主体结构是分离的，应该按地下连续墙与主体结构相接触的状态进行结构计算。但由于这种计算方法极为复杂，所以对于结合之后产生的应力，一般先计算地下连续墙与主体结构外墙的截面积及其截面惯性矩，然后按刚度比例分配截面内力，即：

$$M_1 = \frac{G_1}{G_1 + G_2} M_0 \tag{2-35}$$

$$M_2 = \frac{G_2}{G_1 + G_2} M_0 \tag{2-36}$$

$$N_1 = \frac{A_1}{A_1 + A_2} N_0 \tag{2-37}$$

$$N_2 = \frac{A_2}{A_1 + A_2} N_0 \tag{2-38}$$

式中　M_0、N_0——重合墙的总弯矩、总轴向力；

M_1、N_1——地下连续墙分担的弯矩、轴力；

A_1、G_1——地下连续墙的截面积、刚度；

A_2、G_2——主体结构外墙的截面积、刚度。

刚建成后的地下连续墙内力是拆除支撑前地下连续墙内力与上式算得内力之和，建成若干年后的计算与分离墙类似。

（4）复合墙

复合墙是将地下连续墙与主体结构地下室外墙做成一个整体。即通过地下连续墙内侧凿毛或用剪力块将地下连续墙与主体结构外墙连接起来，使之在结合部位能够传递剪力，复合墙结构形式的墙体刚度大，防渗性能较单一墙好，且框架节点处（内墙与结构楼板或框架梁）构造简单。该种结构形式地下连续墙与主体结构边墙的结合比较重要，一般在浇捣主体结构边墙混凝土前，需将地下连续墙内侧凿毛，清理干净并用剪力块将地下连续墙与主体结构连成整体。此外新老混凝土之间因干燥收缩不同而产生的应变差会使复合墙产生较大的内力，有时也需考虑。

2.2.4　地下连续墙细部结构设计

（1）概述

地下连续墙除应进行详细的设计计算和选用合理的施工工艺外，相应的构造设计是极为重要的，特别是混凝土和钢筋笼的构造设计，墙段之间如何根据不同功能和受力状态选用不同接头形式。墙段之间由于接头形式和刚度上的差别，往往采用钢筋混凝土压梁，把地下连续墙各单元墙段的顶端连接起来，协调受力和变形。高层建筑地下室深基坑开挖的支护结构，既可用作临时支护，也可用作主体结构的一部分，这样地下连续墙就可能作为单一墙也可作为重合墙、复合墙、分离双层墙等形式来处理，这就要求有各种相应的构造形式和设计。

（2）深厚比

作为主要承受水平力的临时支护结构的地下连续墙，其深厚比主要根据水、土压力计算确定。其深厚比一般不做严格规定。对于承受竖向垂直力的地下连续墙，根据工程实践经验，墙厚600mm 时墙深最大达 28m，当墙厚 800mm 时墙深最深达 45m，当墙厚1000～1200mm 时墙深达 50m。对于预制地下连续墙墙厚 500mm 时墙深最大只能作到 16m。

承受竖向力的地下连续墙允许深厚比　　　　表 2-2

传递竖向力类型	穿越一般黏土、砂土	穿越淤泥、湿陷性黄土	备注
端承	$H/b \leqslant 60$	$H/b \leqslant 40$	端承 70% 以上竖向力为端承型的地下连续墙
摩擦	不限	不限	

对于承受竖向力的地下连续墙不宜同时采用端承式和纯摩擦式，而且相邻段入土深度不宜相差1/10。这种墙进入持力层深度对黏性土和砂土按土层不同一般控制在2～5 倍墙厚；对于支撑在强风化岩，一般控制在 1～2 倍墙厚；对于中风化岩一般可支撑在岩面或小于 600mm。

对于成槽施工，一般应进行槽壁稳定验算，必要时在确定槽段的长、宽、深后，在最不利槽段进行试验性施工，以验证稳定性的设计和采用泥浆比重的合理性。

（3）混凝土和钢筋笼设计

1）地下连续墙的混凝土

由于是用竖向导管法在泥浆条件下浇灌的，因此混凝土强度、钢筋与混凝土的握裹力都会受到影响。也由于浇筑水下混凝土，施工质量不易保证。地下连续墙的混凝土等级不宜采用太低的强度等级，以免影响成墙的质量。水下灌注的混凝土设计强度应比计算墙的强度提高 20%～25%，且不低于 C20。个别要求较高的工程，为了保证混凝土质量，施工时的混凝土等级可以比设计的等级提高 20%～25%，且不低于 C20，个别要求较高的工程，为了保证混凝土质量，施工时的混凝土等级可比设计等级提供 20%～30%，但必须经过技术经济效果论证后采用。水泥用量不少于400kg/m^3，坍落度 18～22cm，水灰比不宜大于 0.60。

2）混凝土保护层

为防止钢筋腐蚀，保证钢筋的握裹能力，在连续墙内的钢筋应有一定厚度的混凝土保护层。一般可按表 2-3 采用。异形钢筋笼的保护层应取最大值。

地下连续墙中钢筋保护层厚度　　　　表 2-3

规定要求	目前国内常用保护层厚度		地下连续墙的设计施工规程					
			现浇				预制	
	永久使用	临时支护	建筑安全等级			临时支护	长期	临时
			一级	二级	三级			
保护层厚（cm）	7	4～6	7	6	5	≥4	≥3	≥1.5

3）钢筋选用及一些构造要求

泥浆使用钢筋与混凝土的握裹力降低，一些试验资料表明，在不同比重的泥浆中浸放的钢筋，可能降低握裹力10%～30%，对于水平钢筋的影响会大于竖向钢筋，对于圆形光面钢筋的影响要大于变形钢筋。因此一般钢筋笼要选用变形小的钢筋（Ⅱ级钢），常用受力钢筋为$\phi20$～$\phi32$，墙较厚时最大钢筋也可用到$\phi32$，但对小钢筋不宜小于$\phi16$。

为导管上下方便，纵向的钢筋一般不应带有弯钩。对于较薄的地下连续墙，还应设纵向导管钢筋，主钢筋的间距应在3倍钢筋直径以上。其净间距还要在钢筋混凝土粗骨料最大尺寸的2倍以上。

为防止纵向钢筋的端部擦坏槽壁，在钢筋笼底端500mm范围向内做成按1：10收缩的形状（以不影响插入导管为度）。

4）钢筋笼分段及接头

为了有利于钢筋受力、施工方便和减少接头工期及费用，钢筋笼应尽量整体施工。但地下连续墙深度太大时，往往受到起吊能力、起吊高度以及作业场地和搬运方法等限制，需要将钢筋笼分成两段或3段，在吊放、入槽过程中，连接成整体，具体分段的长度应与施工单位密切配合，目前对一些槽深45m以内的地下连续墙的钢筋笼均采用整幅吊入槽内。

5）钢筋笼

地下连续墙的配筋必须按设计图纸拼装成钢筋笼，然后吊入槽内入位，并浇筑水下混凝土，为满足存放、运输、吊装等要求，钢筋笼必须具有足够的强度和刚度。因此钢筋笼的组成，除纵向主筋和横向联系筋一级箍筋外，还需要架立主筋用的纵、横方向的承力钢筋桁架和局部加强筋。钢筋笼应采用焊接，除纵向桁架、加强筋及吊点周围全部点焊外，其余可50%交错点焊。

承力钢筋桁架，主要为满足钢筋笼吊装设计，假定整个钢筋笼为均布荷载作用在钢筋桁架上，根据吊点的不同位置，按梁式受力计算桁架承受的弯矩和剪力，再以钢筋结构进行桁架的截面验算及选材，并控制计算挠度在1/300以内。桁架间距1.2～2.5m。

钢筋笼内还可考虑水下混凝土导管上下的空间，即保证此空间比导管外径至少要大100mm以上。导管周围要配置导向筋，钢筋笼构造图见图2-11。

施工过程中为确保钢筋笼在槽内位置的准确，设计时应留有可调整的位置，宜将钢筋笼的长度控制在成槽深度500mm以内。

当钢筋笼上安装较多的聚苯乙烯等附加部件时，或者泥浆比重过大，都会对钢筋笼产生浮力，阻碍钢筋笼插入槽内，特别是钢筋笼单面装有较多附加配件时会使钢筋笼产生偏心浮力，钢筋笼入槽容易擦坏槽壁造成塌孔，遇有这种状态，可以考虑在钢筋笼上焊接配重，或在导墙上预埋钢板，以便用铁件将钢筋笼与预埋钢板焊接，作为抗弯和抗偏的临时锚固。

（4）槽段间墙的接头

地下连续墙的槽段间的接头一般分为柔性接头、刚性接头和止水接头。

柔性接头是一种非整体接头，它不传递内力，主要是为了方便施工，故又叫施工接头，如锁口管接头、V形钢板接头、预制钢筋混凝土接头等。为了适应这种接头的特点，在构造上主要处理好钢筋笼的设计，使钢筋笼砸凸凹缝之间、拐角间、折线墙、十字交叉墙、丁字墙等处的钢筋笼端部能紧贴接头缝，同时又不影响施工为宜。

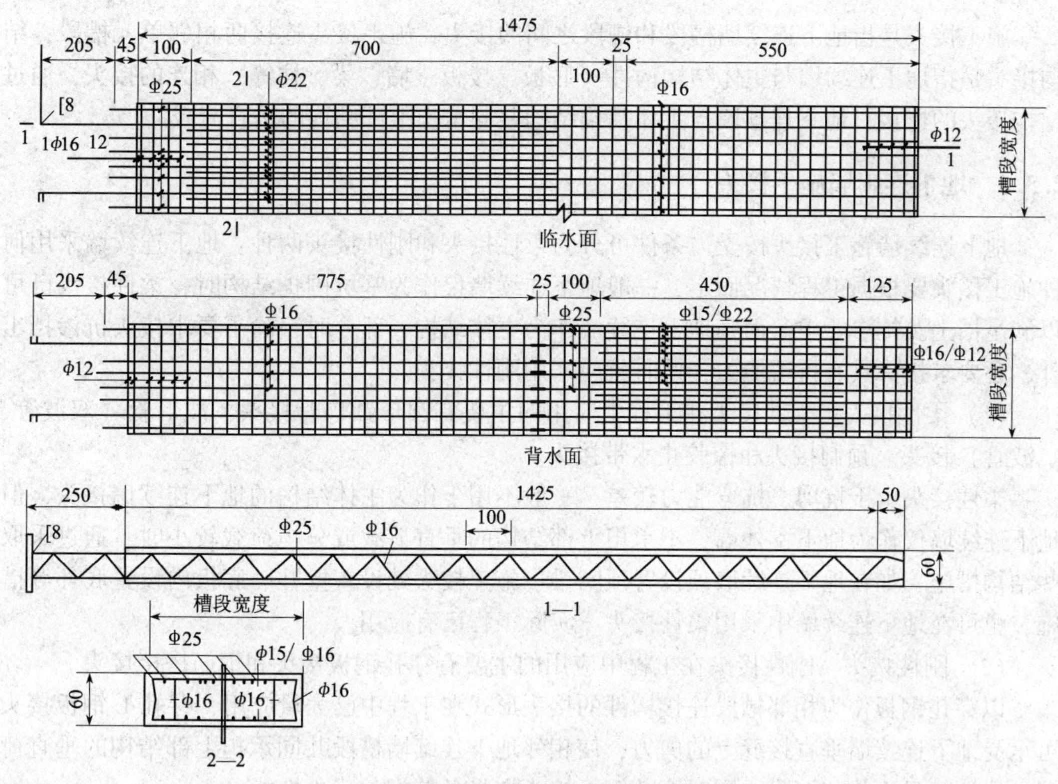

图 2-11 钢筋笼构造图

刚性接头是一种整体式接头，它能传递或部分传递内力，如一字形、十字形穿孔钢板式刚性接头、钢筋搭接式刚性接头等。

一字形穿孔钢板式的接头，由于它只能承受抗剪状态，故在工程中较少使用。十字形穿孔钢板式，能承受剪拉状态。在较多情况下可以使用，如格式、重力式地下连续墙结构的剪力墙上，各墙段接头就同时承受剪力和拉力，这种形式的接头，在构造上又有端头板和无端头板之分。

当接头要求传递平面剪力或弯矩时，可采用带端板的钢筋搭接接头，将地下连续墙连成整体。

穿孔钢板的尺寸，宜根据试验的受力状况来确定，钢板厚度一般由强度计算确定，但不宜太厚，穿孔钢板在墙接缝处应骑缝对称放置，钢板在接缝一侧的墙体内的长度，一般为墙体水平向钢筋直径的 25 ~ 30 倍，钢板的穿孔面积与整块钢板面积之比，宜控制在 1/3 左右为好。

止水接头在一般情况下可以使用锁口管和 V 形钢板等接头形式，也可以取得一定的截水防渗效果。

2.3 地下连续墙接头设计

地下连续墙的接头是地下连续墙设计和施工的一个需着重考虑的问题。地下连续墙的接头可分为两大类：施工接头和结构接头。

施工接头是指地下连续墙槽段和槽段之间的接头，施工接头连接两相邻单元槽段；结构接头是指地下连续墙与主体结构构件（底板、楼板、墙、梁、柱等）相连的接头，通过结构接头的连接，地下连续墙与主体基础结构共同承担上部结构的垂直荷载。

2.3.1 地下连续墙施工接头

地下连续墙施工接头按受力条件可分为柔性接头和刚性接头两种：地下连续墙采用何种施工接头要根据工程情况而定，一般地下连续墙仅作为基坑围护结构时，柔性接头已可以满足挡土及抗渗要求。而当地下连续墙作为主体结构一部分时，除了要求接头抗渗挡土外，还要求接头具有抗剪能力，此时就应采用刚性接头。

（1）柔性接头。柔性接头在工程中应用的主要有圆形锁口管接头、波形管（双波管、二波管）接头、预制接头和橡胶止水带接头。

柔性接头由于抗剪、抗弯能力较差，一般不用于作为主体结构的地下连续墙接头，但地下连续墙仅作为地下室外墙，不承担上部结构的垂直荷载或分担荷载较小时，通过采取些结构措施，如在地下连续墙顶设置顶圈梁、施工接头处设置壁柱、底板内设置底环等措施，也可在地下连续墙中采用柔性接头，实际工程已有应用。

（2）刚性接头。刚性接头在工程中应用的主要有穿孔钢板接头和钢筋搭接接头。

以穿孔钢板作为相邻槽段连接构件的接头形式在工程中已大量应用，穿孔 L 钢板接头可承受地下连续墙垂直接缝上的剪力，使相邻地下连续墙槽段共同承担上部结构的垂直荷载，协调槽日不均匀沉降；同时穿孔钢板接头亦具备较好的止水性能。

钢筋搭接接头采用相邻槽段水平钢筋凹凸搭接，先施工槽段的钢筋笼两面伸出搭接部分，通过采取施工措施，浇灌混凝土时可留下钢筋搭接部分的空间，先行施工槽段形成后，后施工槽段的钢筋笼一部分与先施工槽段伸出的钢筋搭接，然后浇灌后施工槽段的混凝土。

这种连接形式在接头位置有地下连续墙钢筋通过（水平钢筋和纵向主筋），为完全的刚性连接。有关试验研究表明，其结构连接刚度和接头抗剪能力均优于穿孔钢板接头。日本道路协会《地下连续壁基础设计施工指针》中，依据不同的钢筋搭接长度、钢筋比以及钢筋的间隙所做的试验结果，建议接缝处的单位允许应力采用地下连续墙墙体允许应力的80%来设计。

2.3.2 地下连续墙结构接头

在设计地下连续墙和结构板接头时，可根据结构的实际情况，采用刚性接头、铰接接头和不完全刚性接头等形式，以满足不同结构情况的要求。

（1）刚性接头。若地下连续墙与结构板在接头处共同承受较大的弯矩，且两种构件抗弯刚度相近，同时板厚足以允许配置确保刚性连接的钢筋时，地下连续墙与结构板的连接宜采用刚性接头。一般情况下结构底板和地下连续墙的连接均采用刚性连接。

常用连接方式主要有预埋钢筋接驳器连接（锥螺纹接头、直螺纹接头）和预埋钢筋连接等形式。结构底板和地下连续墙的连接通常采用钢筋接驳器连接底板钢筋通过钢筋接驳器全部锚入地下连续墙作为刚性连接。

（2）铰接接头。若结构板相对地下连续墙厚度来说较小（如地下室楼板），接头处板所承受的弯矩较小，可以为该节点不承受弯矩，仅起竖向支座作用，此时可采用铰接接头。

常用连接方式主要有预埋钢筋连接和预埋剪力连接等形式。地下室楼板和地下连续墙的连接常采用预埋钢筋形式：地下室楼板也可以通过边环梁与地下连续墙连接，楼板钢筋进入边环梁，边环梁通过地下连续内预埋钢筋的弯出和地下连续墙连接，该接头同样也为铰接接头，只承受剪力。

（3）不完全刚接。若结构板与地下连续墙厚度相差较小。可在板内布置一定数量的钢筋，以承受一定的弯矩，但在板内钢筋不能配置很多，形成刚性连接时，宜采用不完全刚接形式。

接头处板所释放的弯矩$(1\text{-}\eta)M_2$由地下连续墙按线性刚度重分配，地下连续墙中承受的弯矩分别为M_1'、M_3'，用以分别配置地下连续墙和板中钢筋。对于结构板来说，端部矩折减后，板跨中弯矩将增大，应按弯矩重分布后的弯矩配置跨中钢筋。

上述3种连接接头方式，主要考虑了接头处的弯性能，但同时必须验算接头处板的抗剪能力。如果接头处的抗剪能力不足，需采取相应的构造措施，如在接头处配置足量的抗剪钢筋；在地下连续上板底做牛腿或支座；在地下连续墙中预埋聚氯乙烯沫板，基坑开挖后，除去聚氯乙烯泡沫板，钢筋后现浇，使板与地下连续墙形成榫接连接。

（4）构造连接。槽段之间如采用刚性施工接可使地下连续墙各槽段形成一片整体的墙体，共同承受上部结构的垂直荷载。当槽段之间经柔性施工接头连接时，为增强地下连续墙的整体性，可在地下连续墙顶部设置钢筋混凝土顶圈梁，将地下连续墙各槽段连接起来。当顶圈梁不足以承受槽段之间的剪力时，可在底板与地下连续墙连接处设置底板环梁，环梁应嵌入地下连续墙中。计算由顶圈梁和底板环梁共同承受槽段之间剪力的能力，如仍不满足，槽段之间必须采用刚性施工接头。

在以地下连续墙作为地下室外墙的基础设计中，地下室隔墙尽量布置在地下连续墙槽段接头处，并在槽段接头处设置加强柱，可在地下连续墙槽段两端内侧预埋钢板，待基坑，开挖后，凿除表面保护层混凝土并清洗干净后，用通长钢板焊接成一体，并用高等级水泥砂浆将接头孔隙灌填密实。然后加强柱与地下室隔墙用现浇钢筋混凝土形成整体，从而保证接头处的连续性和整体性。

如地下室隔墙的位置不在地下连续墙接头处，可采用在地下连续墙内预埋钢筋接驳器或预埋弯筋，从而与地下连续墙连为整体。另外地下室结构梁与地下连续墙的连接通常采用钢筋接驳器或预埋弯筋。

当主体结构需设置沉降缝及后浇带时，通过对地下连续墙槽段接缝或槽段本身的构造处理，同样也可在地下连续墙中设置沉降缝及后浇带。在地下连续墙中构造沉降缝及后浇带的施工难度较高，但在实际工程中已成功应用，并取得了较理想的效果。

第三章　地下连续墙施工技术

3.1　地下连续墙常用施工工法与设备

建造地下连续墙是经过挖槽、固壁、浇筑和连接四道主要的工序，即在泥浆的保护下，使用各种挖槽机械挖出槽段，并在槽段内浇筑混凝土和其他材料形成地下连续墙。同时还应采取适当方式，将槽段之间及墙体与永久结构之间进行连接。

地下连续墙的施工机械和设备主要包括：①挖槽机械；②泥浆生产、输送、回收和净化设备；③混凝土生产、运输和浇筑设备；④钢筋加工、吊装机械和设备；⑤接头管加工和吊装、起拔设备；⑥观测设备与仪器。

3.1.1　地下连续墙常用工法概要

根据地下连续墙墙体材料的特点，可分为：混凝土地下连续墙、水泥固化地下连续墙和水泥土地下连续墙；根据施工机械的不同，可分为桩柱式地下连续墙、板槽式地下连续墙。本书将着重就板槽式（特别是抓斗成槽的）混凝土地下连续墙进行阐述。

板槽式混凝土地下连续墙是目前使用最多的一种地下连续墙，这种工法的特点：

（1）振动和噪声污染小，对周围环境影响很少。

（2）适用多种地层。由于工法多，施工机械多，可以在软弱地层到卵砾石地层、风化岩层到坚硬的花岗岩等各种复杂地层中施工，并能取得显著的技术经济效益。

（3）墙体质量好。由于采用高品质的混凝土和连续浇筑工艺，使得槽段内泥浆能被混凝土完全置换出来，以形成连续均匀的墙体。同时由于连接接头措施的改进，使得墙段之间接缝既能满足强度要求，又能保持很高的防水性。墙体混凝土抗压强度已经超过了80MPa。

（4）墙深和墙厚大，地下连续墙的深度已可达到170m，墙厚度为40～320cm。最薄的墙厚只有20cm。

（5）本体利用和刚性基础。钢筋混凝土地下连续墙不再局限于用作基坑临时支护和土石坝的防渗结构，越来越多地用于各种高强度、高刚度和任意断面形状的深基础以及地下连续墙本身作为永久建筑物的一部分或全部。

3.1.2　抓斗挖槽工法和设备

根据抓斗的结构特点，可把抓斗分成以下几种：①钢丝绳抓斗；②液压导板抓斗；③导杆式抓斗；④混合式抓斗。

1. 钢丝绳抓斗

（1）工法概述

钢丝绳抓斗是利用钢丝绳借助斗体自重的作用，打开和关闭斗门，以便挖取土体并将其带出槽外的一种挖土机械。这种抓斗是用两个钢丝绳卷筒上的两根钢丝绳来操作，其中一根绳用来提升或下放抓斗，另一根绳用来打开和关闭抓斗。其结构简单耐用，价格低廉，至今仍在大量使用。特别适合于在含有大量漂石和石块的地基中挖槽。

（2）设备

目前，生产钢丝绳抓斗的厂家主要有意大利的土力（SOILMEC）、卡沙特兰地（Casagrade）、德国宝峨（BAUER）和日本真砂公司生产的M和ML型钢丝绳抓斗，法国的索列旦斯也生产钢丝绳抓斗。

2. 液压导板抓斗

（1）工法概述

液压导板抓斗是指用高压胶管（大于30MPa）把液压传送到几十米深处的抓斗斗体，是完成抓斗开启和关闭的动力源；所说的导板则是指用来为抓斗导向以防偏斜的钢板结构。液压导板抓斗则用钢丝绳悬吊在履带起重机或其他机架上。液压抓斗的闭斗力大，挖槽能力强，多设有纠偏装置，因此可以保持高效率、高质量地挖槽。由于挖槽时，土体对斗体的反作用力（垂直向上分力）也很大，必须有足够的斗体重量才能保持平衡。

（2）设备

目前生产液压导板抓斗的厂家主要有德国宝峨（BAUER）公司生产的DHG和GB两种类型抓斗，日本真砂工业株式会社的MHL液压导板抓斗和利渤海尔公司的HSWG液压导板抓斗（见图3-1，液压导板抓斗）。

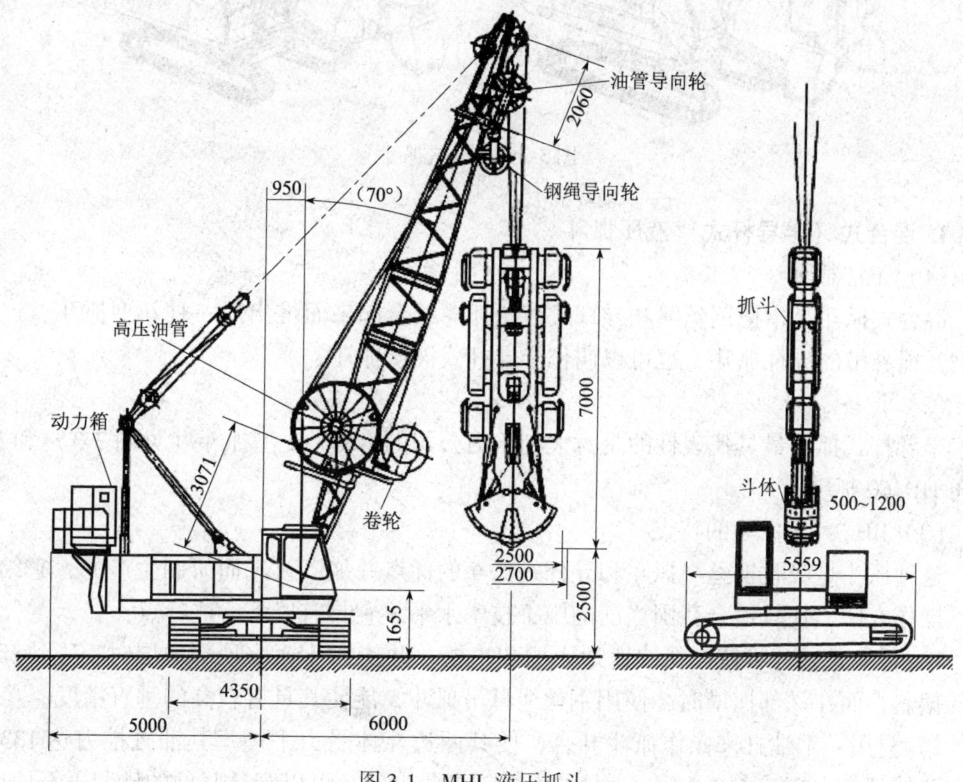

图3-1　MHL液压抓斗

3. 导杆抓斗

(1) 工法概述

导杆式抓斗可以分为全导杆式抓斗和伸缩导杆式抓斗两种。

导杆式抓斗一般采用（伸缩式）方杆来传递动力。导杆开挖时噪声小，对周围地层和环境影响的扰动也小。因此是在松散、软黏土或开挖时需严格控制剪切作用的灵敏性土中进行开挖的理想设备。这类抓斗多装有测斜和纠偏装置，因此成槽精度较高。

(2) 设备

这类抓斗主要有英国BSP全导杆式抓斗和意大利卡沙特兰地的KRC型抓斗（见图3-2，导杆式抓斗）。

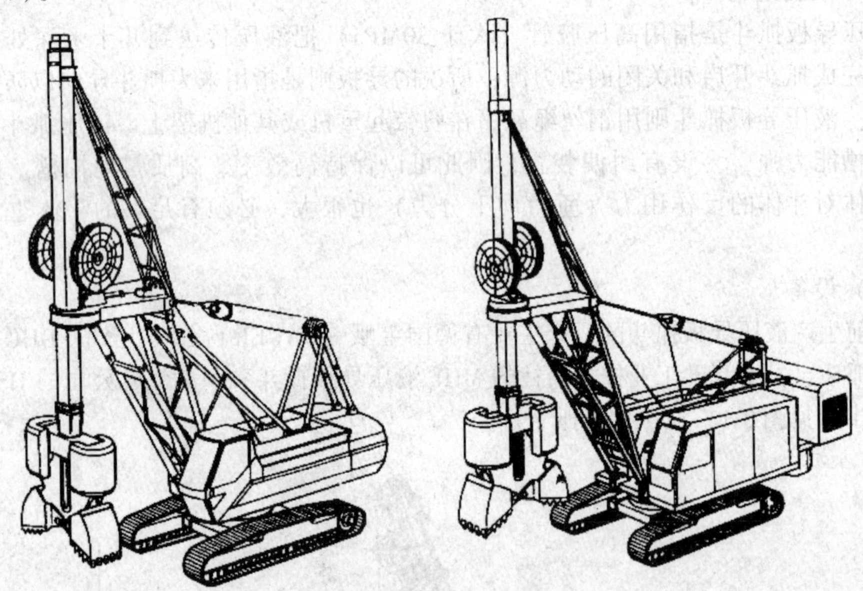

图3-2　导杆式抓斗

4. 混合式（半导杆式）液压抓斗

(1) 工法概要

混合式抓斗是指把钢丝绳和导杆式液压抓斗结合起来而推出的一种新型抓斗，这是一种钢丝绳悬吊的导杆抓斗，也可以叫作半导杆式液压抓斗。

(2) 设备

半导杆式抓斗最具代表性的是意大利土力公司的BH7/12型抓斗（见图3-3）和MAIT公司HR160抓斗。

(3) BH-7/12抓斗的特点

这种抓斗是吸收钢丝绳抓斗和导杆式抓斗的优点并加以改进而研制生产的，它结构简单，操作方便，比较适合我国当前的施工技术水平。它具有以下一些特点：

1) 伸缩式导杆可使抓斗快速地入槽和出槽，并使抓斗抓取顶部地层时，不致产生很大的偏斜，而在深部抓槽时，使用钢丝绳悬吊抓斗，能使其具有较高的垂直精度。

2) 只用一个油缸来操作抓斗开合，使其两边斗体受力平衡。其油缸推力达1330kN，单边斗体闭合力矩达410kN·m，是同类抓斗中最大的，可以穿过坚硬的砂卵砾石地层。

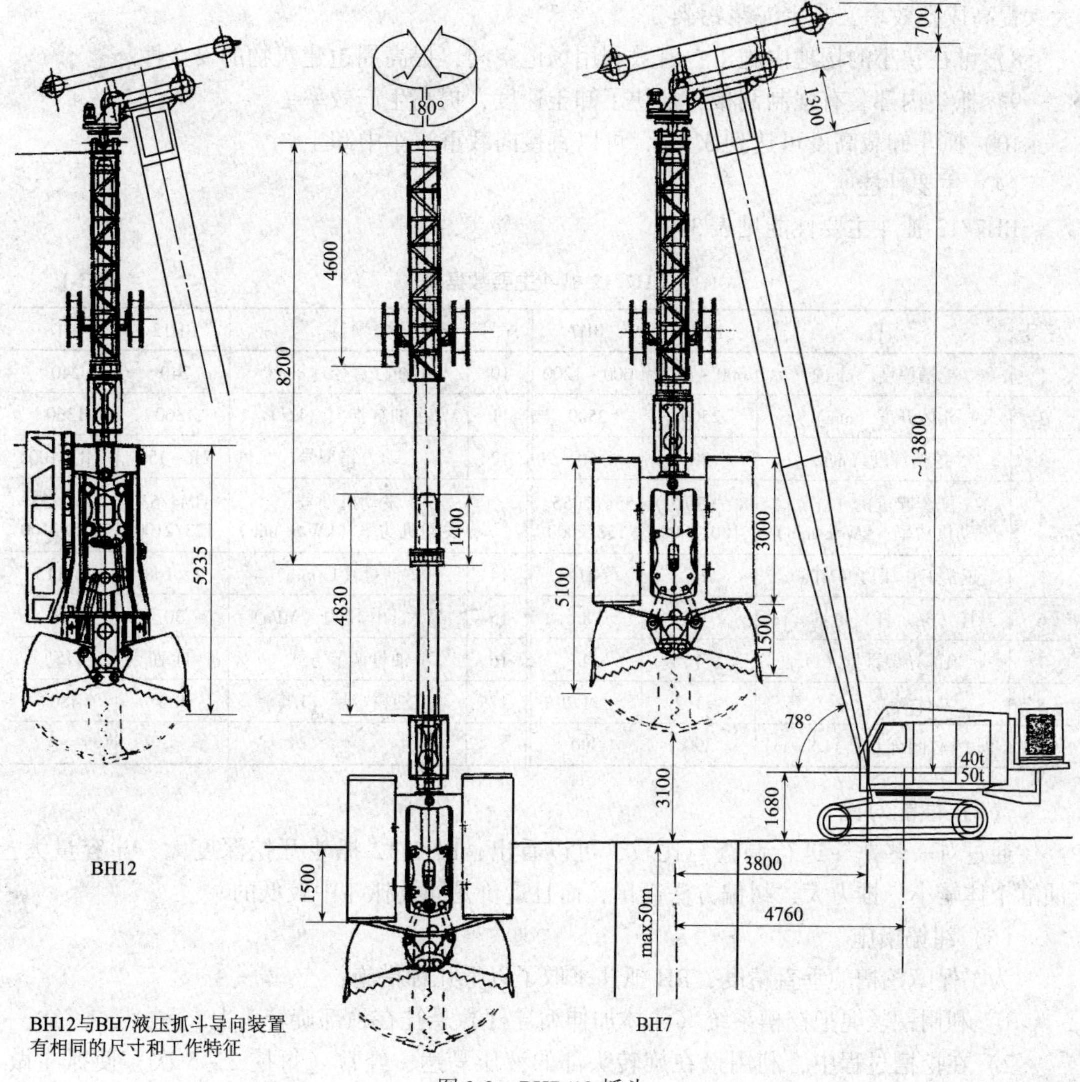

图 3-3　BH7/12 抓斗

3）导杆顶部设有旋转机构，使整个抓斗重量悬挂于其上；每抓 2～3 次，即用专设的液压马达使斗体旋转 180°，改变斗体两边斗齿个数（一边 3 个，一边 2 个），使抓斗平衡抓土，防止偏斜。

4）抓斗的液压油管卷轮是通过两台液压马达操作的，它们总是给卷轴施以一个固定的扭矩，以保证油管和钢丝绳同步升降，并且通过储能器的调节来保持足够的压力，使油管不致突然下降。

5）抓土系统（包括斗体、油缸及支架、导板和伸缩杆等）的重量大（8～12t），导板较长，使抓斗能平稳而有力地抓土。

6）抓斗上专门配置了冲击齿，在遇到非常坚硬的黏土层或粉细砂（铁板砂）层时，可装上冲击齿进行冲击作业，再把击散的土料抓上来，用抓斗进行冲击作业，是 BH 抓斗一大特点，由于抓斗内装备了减振装置，可以保证各连接部位不致损坏。

7）由于该抓斗成孔的垂直精度高，可以直接抓土成槽，不必采用两钻一抓方式，可大大提高成孔效率，减少泥浆污染。

8）可在狭小的场地内施工，有效利用场地空间，提高周边建筑物的安全性。

9）抓斗内部装有强制刮板，加快了卸土速度，提高生产效率。

10）抓斗卸载高度可达到3.1m，可以直接向载重汽车中卸土。

（4）主要性能

BH7/12抓斗主要性能见表3-1。

BH7/12抓斗主要数据表 **表3-1**

序号	项目	BH12	BH7	序号	项目	BH12	BH7
1	挖槽厚度（mm）	600~1200	600~1200	10	主油缸直径（mm）	240	240
2	斗体开度（mm）	2500	2500	11	主油缸推力（kN）	1360	1360
3	挖槽深度（m）	70	60	12	动力箱型号	2R-150	2R-100
4	配套起重机（t） 发动机功率（kW/r/min）	80（7080） 180/2000	55（7055） 132/2000	13	发动机型号 发动机功率（kW/r/min）	GM4/53 123/2100	GM4/53 79.5/2100
5	正常工作压力（MPa）	21	21	14	供油量（L/min）	2×168	2×115
6	悬挂（斗+杆）重量（t）	11	8	15	最大工作压力（MPa）	30	30
7	顶部导架重量（t）	4	4	16	油量调节方式	自动	自动
8	斗体容量（m^3）	≥1.2	≥1.2	17	油箱容量（L）	480	480
9	单边斗体闭合力矩（kN·m）	390	390				

（5）性能对比

通过对一些抓斗进行调查与比较，可以看出，BH7/12抓斗开挖深度大，斗容量大，油缸个体较小，推力大，纠偏方法简单，而且造价是同类抓斗中较低的。

（6）纠偏措施

为了保障挖槽的垂直精度，BH抓斗采取了以下几种措施：

1）利用钢丝绳把挖槽系统（斗体加伸缩导杆）悬挂在顶部旋转头上。

2）在挖槽过程中，利用设在旋转头部的液压马达，经常（每挖2~3次）使抓斗做±180°旋转（换边），避免向一个方向溜坡。

3）采用长导板（大于5m），在挖槽过程中导向。

4）加大挖槽系统的重量（8~11t），以增加液压系统工作时的抓斗稳定性。

5）采用了加长的伸缩导杆长度，以便在槽孔上部更容易保持垂直度。

6）为了适应砂、卵石地层或超深槽挖槽时的稳定性，保持槽段垂直度，具有起重力大，底盘稳定性好，整体性稳定的特点。

3.2 地下连续墙施工组织与管理

3.2.1 施工准备与计划

一般地下连续墙施工，要经过收集资料、施工调查、编制文件和施工准备等几个阶段，才能达到正式开工。根据工程规模、地下连续墙用途、结构形式、形状尺寸、特殊要求以及工期、费用、作业环境、施工条件和地质等条件，应当完成以下工作。

（1）收集设计图纸及相关施工资料等。

（2）熟悉和掌握场地内地质条件和地下障碍物情况，以便选定挖槽机类型，及是否需要加固地基等。了解场地地下水状况，制定泥浆质量管理计划。调查场地内地下障碍物情况，特别是各种管道、地下构筑物等。

（3）机械设备的选定，主要包括抓斗、大型吊车、顶升机等的选定。

（4）机械设备的运输与进出现场计划。

（5）导墙的形状尺寸和强度。

（6）渣土及废泥浆的处理方法及外运消纳计划。

（7）钢筋加工场地的规划与硬化，钢筋笼吊运方法与路线等。

（8）商品混凝土工厂的加工能力、运输路线、时间和替代工厂等。

（9）水源、电源的保证供应状况。

（10）施工对环境影响的防护措施等。

3.2.2　施工资源配置

1. 项目管理人员配置

地下连续墙施工相对于其他地下工程施工来说具有技术要求高、施工机械化程度高、对项目管理人员的综合素质要求高等特点。因此施工应选择技术过硬、施工经验丰富的管理人员组建项目部；择优选择熟悉施工工艺、质量标准的劳动队伍，加强施工管理，各施工工种、施工队伍密切配合，减少窝工现象，杜绝返工。

2. 施工队伍的配置与劳动力计划

根据地下连续墙工程施工需要设立地下连续墙施工作业队、钢筋网片加工队、混凝土灌注队等劳务施工队。必须采用大量的专业施工人员，见表3-2。

劳动力配备计划表（按每台设备配置）　　**表3-2**

工种	按工程施工阶段投入劳动力情况（人）								
	操作手	混凝土工	钢筋工	焊接工	信号工	机修工	司机	普工	合计
数量	3	6	6	6	2	1	1	10	35

注：本计划表是以每班八小时工作制为基础。

3.2.3　施工场地布置

为了方便施工，在不影响施工机械行走的前提下，在车站基坑范围内因地制宜地合理布设一个泥浆处理系统及一个钢筋加工制造场地。泥浆处理系统包括一座废弃泥浆池、一座泥浆沉淀池、一座泥浆储存池和一座新鲜泥浆储存池。场地内设置泥浆沟将废弃的泥浆汇入槽内。钢筋加工场地以同时能满足加工二个钢筋网片的场地要求进行布置，同时考虑了钢筋材料堆放、电焊机、钢筋加工设备等所需要的场地要求。

3.2.4　槽段划分

一道地下连续墙是由许多槽段组成，一个槽段是由抓斗分几次开挖出来的，为此把每次完成的一抓叫单元长度。通常，使用抓斗时，其单元长度就是抓斗斗齿开度(2~3.0m)。通常一个地下连续墙槽段是由3~4个单元抓组成，也有二抓或一抓组成。这些单元抓常常采用跳仓的方法先后进行施工。

1. 槽段长度的确定

(1) 影响槽段长度的因素

一般地说，加大槽段长度，可以减少接头数量，提高墙体的整体稳定性、防渗性和连续性，还可提高施工效率；但是泥浆和混凝土用量也随之增加，给泥浆和混凝土的生产和供应带来困难。实际上，槽段最大长度主要受以下三个因素制约：①钢筋笼（含预埋件）的加工、运输和吊装能力；②混凝土的生产运输和浇筑能力；③泥浆生产和供应能力。

当然在遇到下列情况时，同样应考虑槽段的合理长度：

1）墙的厚度与深度较大时，因槽段稳定性问题，槽段长度一般小些。

2）当周边有建筑物、地下管线或有附加荷载时，槽长应短些。

3）当场地地质条件为极软的地层，极易液化的砂土层，泥浆极易漏失的地层和极易坍塌的地层，槽段长度宜短些。

(2) 槽段长度的确定

当采用矩形抓斗成槽时，槽段中的单元长度就是抓斗的开斗宽度（见图3-4）。

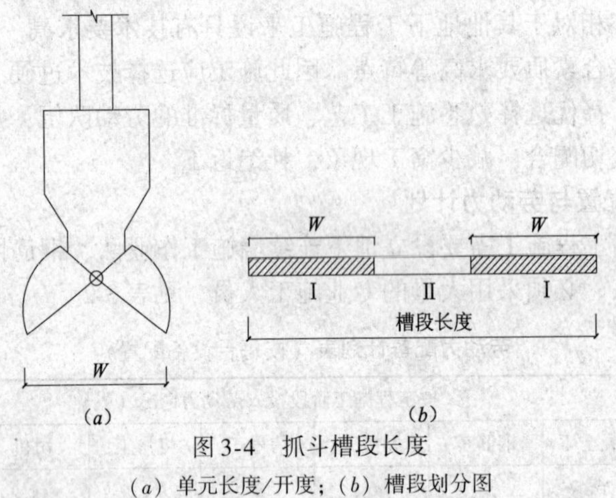

图3-4 抓斗槽段长度

(a) 单元长度/开度；(b) 槽段划分图

$$E = nW \tag{3-1}$$

式中，$n=1, 2, 3, 4, 5$。一般$n \leq 5$，并且$n=1, 3, 5$单数为好。当一个槽段由几个单元组成时，槽段两端的单元等于抓斗开斗宽度W，其他单元长度小于W，一般为$(0.3 \sim 0.7)W$。

2. 槽段划分

(1) 槽段划分原则

槽段划分时应考虑以下原则：

1）应使墙段分缝位置远离墙体受力最大的部位；

2）在结构复杂的部位，分缝位置应便于开挖和浇筑施工；

3）墙体内有预留孔洞和重要埋件，不得在此处分缝；

4）为避开一些复杂结构节点，应采用长短槽段交错布置的方式；

5）在一般情况下，一个槽段的单元应为奇数。

（2）槽段划分方法

通常，最常见的地下连续墙是液压抓斗的三抓成槽（见图3-5）。抓斗的开斗宽度为2.5m，首先抓出两边单元，然后再抓中间单元。槽段内始终充满泥浆。为保持墙面平直，中间一抓长度比两端单元长度小，约为（0.3～0.7）W。这样槽段施工长度多为6～7m。它的混凝土用量和钢筋笼尺寸、重量，比较适应现有的混凝土和吊装机械能力。

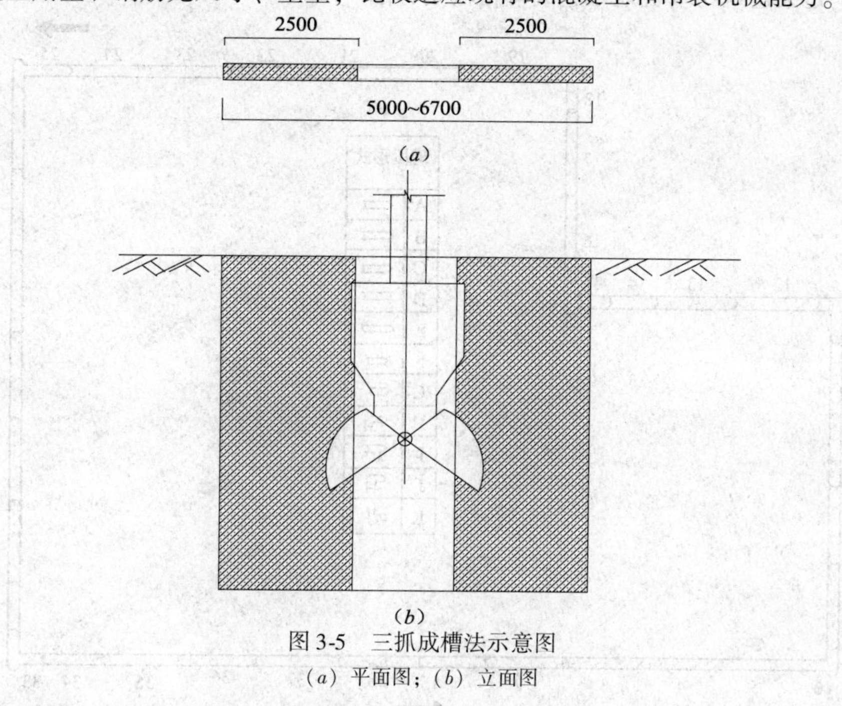

图3-5　三抓成槽法示意图
（a）平面图；（b）立面图

当地下连续墙贴近建筑物或地下管道等结构物时，应缩短槽段长度，以便在最短时间内完成一个槽段，并采用间隔施工方法，避免大面积槽段承受较大侧向土压力的作用和产生过大位移。

地下连续墙拐角处，应单独划分出一个槽段（见图3-6），并且至少有一边导墙。

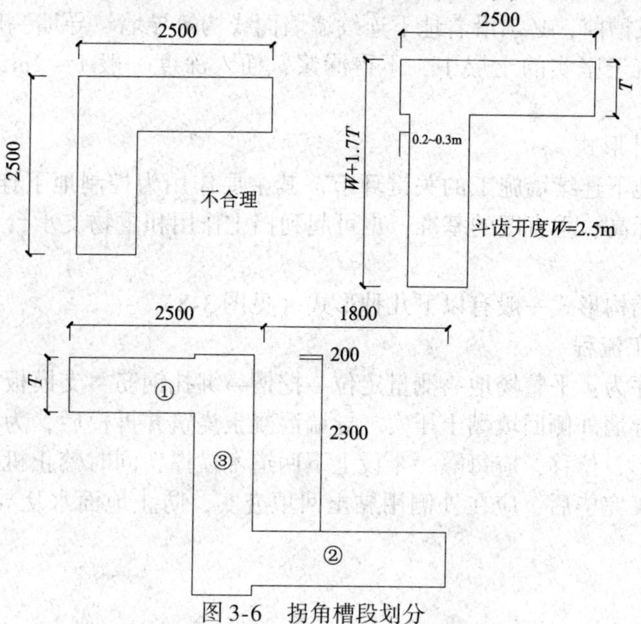

图3-6　拐角槽段划分

向外延伸0.2~0.3m。角槽上不要安排二个等长的挖槽单元，以避免第二抓时槽壁偏斜和坍塌。如图3-6中一个边长为2.5m，另一个边长应大于 $W+1.7T$。这样在第二抓抓完之后，还能保留有40~60cm的小墙（土柱），可减少交角处土体塌方。考虑起重机吊装钢筋笼的能力和吊放难度，角槽不能太长。

图3-7是某建筑物基坑地下连续墙槽段划分图。

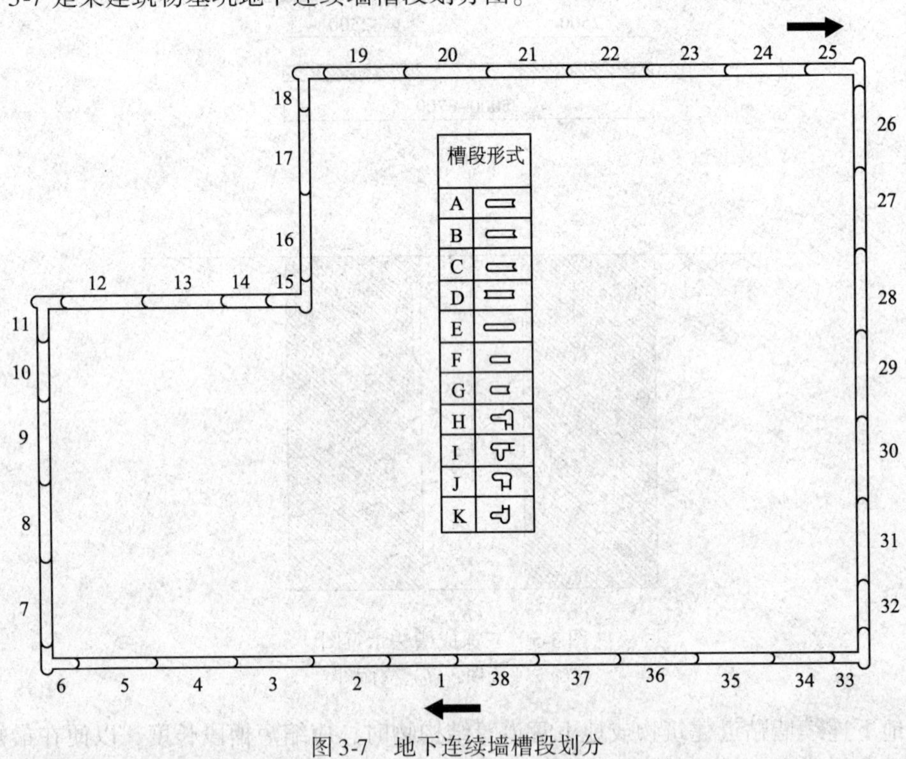

图3-7　地下连续墙槽段划分

3.2.5　导墙施工

地下连续墙成槽前，必须沿着地下连续墙墙面线构筑导墙。导墙一般用混凝土就地浇筑而成，并必须筑于坚实的土层中，不得漏浆，插入深度一般1~2m，墙顶宜高出地面0.1~0.2m。

（1）导墙设计形式

导墙施工是地下连续墙施工的关键环节，其主要作用为控制地下连续墙的施工精度，可作为量测挖槽标高、垂直度的基准；也可起到挡土作用和重物支承台；同时也可稳定泥浆液面。

导墙常用的结构形式一般有以下几种形式（见图3-8）。

（2）导墙施工流程

导墙施工顺序为：平整场地→测量定位→挖槽→绑扎钢筋→支模板→浇筑混凝土→拆模并设置横撑→导墙外侧回填黏土压实。导墙混凝土浇筑并拆模后，为防止导墙在侧向土压作用下产生变形、位移，应每隔一米设上下两道木横撑，同时禁止机械等设备在导墙周围碾压。导墙施工完毕后，应在外侧用黏土回填夯实，防止地面水从导墙背后渗入槽内，引起槽段塌方。

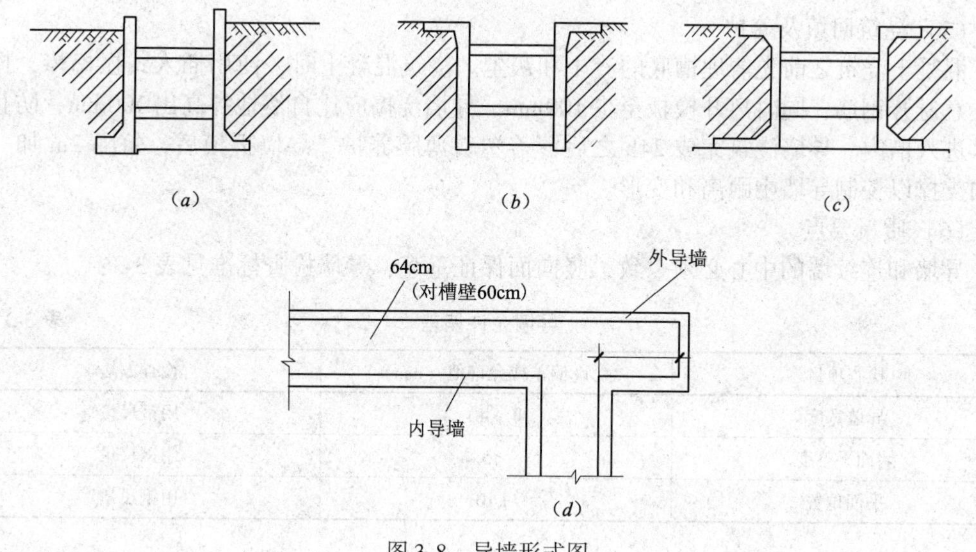

图 3-8　导墙形式图

(a) L形；(b) ˥形；(c)]形；(d) 转角处理

按设计图纸放出地连墙的中心线及导墙的开挖线、端线并引入高程，控制导墙顶面的高程与地连墙顶面高程基本一致。

(3) 开挖导沟

根据室外管线图，先将原有地下管线探明挖出，再进行机械施工。使用机械挖槽，按设计导墙深度为 1300 ~ 1500mm（但导墙深一般挖至原状土为止），挖至设计标高以上 200mm 时，采用人工清理，修理边坡。为了保证导墙不滑移及沉降，并能承受住顶升锁口管的反力，二导墙上部从导墙内侧分别向外翻 800mm 和 1300mm（见图 3-9 导墙施工实况）。

图 3-9　导墙施工实况

(4) 支模钢筋绑扎

导沟开挖完成后，对导沟底部做 50mm 厚的砂浆垫层。钢筋绑扎按照设计图纸，并在槽底纵向钢筋的下方垫钢筋保护块，以保证保护层厚度。先浇筑导墙下部外翻的混凝土，后在临土面混凝土绑扎钢筋支模，外加 50mm × 100mm 横向和纵向背楞，设置 2 道横向支撑。

(5) 浇筑回填及养护

混凝土浇筑之前先清理槽底的渣土和灰尘。浇筑混凝土时，使用插入式振捣棒，振捣棒注意避开钢筋，同时离开模板至少100mm。导墙浇捣应比自然地坪高出100mm，防止室外水进入槽内。导墙浇筑完成24h之后覆盖塑料薄膜养护。导墙拆模后，每隔2m加一根横向支撑以控制导墙中距离和变形。

(6) 质量要点

导墙和连续墙的中心必须一致，竖向面保证垂直，导墙检查标准见表3-3：

导墙允许偏差 **表3-3**

检查项目	允许偏差或允许值（mm）	检查方法
导墙宽度	$W+40$	用钢尺量
墙面平整度	<5	用钢尺量
平面位置	±10	用钢尺量

(7) 导墙的稳定措施

在施工过程中，由于地质条件、上部荷载、泥浆质量等原因，会造成导墙坍塌。

为了使地下连续墙施工得以顺利进行，应当注意以下几点：

1) 槽段开挖过程中，泥浆面不得低于导墙底以下。

2) 导墙要有足够的深度（1.2~2.0m)，并必须筑于坚实的土层中。填土要密实，应回填黏性土并夯实，严禁回填松散土及透水性材料。

3) 当软弱土质较深时，可把导墙支承在木桩、混凝土桩上，或在导墙底部地基用注浆、振密、置换等地基处理方法予以加固。

4) 连续墙施工过程中，最好把混凝土墙顶浇筑高程（不是墙顶设计高程）提高到导墙底部以上0.3~0.5m，以保持导墙稳定。如果浇筑后的墙顶达不到以上要求，也就是通常所说的“空桩头”太大的话，可以采用如下办法：回填砂砾料；将上部空余部分的泥浆加入水泥，予以固化；在固化部分插入钢筋，提高导墙施工期间的稳定性等措施。

3.2.6 泥浆配制和循环利用

1. 泥浆的基本功能与性能

在天然地基状态下，垂直向下开挖，会破坏土体平衡状态，槽壁往往会发生坍塌，泥浆则具有防止坍塌的作用。保持槽壁稳定是泥浆在地下连续墙施工中最重要的功能，但除此之外，泥浆还具有：①泥浆的静压力可抵抗作用在槽壁上的土压力和水压力，并防止地下水的渗入；②泥浆在槽壁上形成不透水的泥皮，从而使泥浆的静压力有效地作用在槽壁上，同时防止槽壁剥落；③泥浆从槽壁表面向地层内渗透到一定范围就黏附在土颗粒上，通过这种黏附作用可使槽壁减少坍塌和透水。

因此用于地下连续墙施工的泥浆应具备如下一些性能：

(1) 物理稳定性。即泥浆在静置相当一段时间，其性质没有变化。

(2) 化学稳定性。泥浆被反复使用，水泥、地下水以及地基中的阳离子等会逐渐使泥浆的性质发生变化。在使用过程中，泥浆会从悬浮分散状态向凝聚状态转化。当泥浆出现凝聚时，呈悬浮胶体状态的颗粒增大，失去形成良好泥皮的能力。因此要求泥浆有足够的抗污染能力。

（3）适当的相对密度。泥浆的相对密度有如下作用：

1）泥浆和地下水之间的压力差可抵抗土压力和水压力，以维护槽壁的稳定，若泥浆的相对密度大，就会增大压力差，提高槽壁的稳定性。

2）若相对密度增大，就会提高对渣土的浮托力，有助于把渣土携出地面。但泥浆相对密度过大，会妨碍泥浆与混凝土的置换。

（4）良好的触变性。这是泥浆性能指标的一项重要指标。泥浆的触变性是指泥浆在流动时只有很小的阻力，从而提高施工效率，便于泵送和流动。而当泥浆静止时能迅速转为凝胶状态，静切力大大增加，避免其中的砂粒迅速沉淀；而当泥浆渗入地层中时，也不会因扰动而快速固结，从而提高孔壁稳定性。

（5）良好的泥皮形成性。这是指泥浆能在槽壁表面形成一层薄而韧的不透水的泥皮，并在槽壁表面附近的地基土内，由于泥浆的渗透而形成浸透沉积层。

泥浆中如果含有适量的优质膨润土，可形成薄而韧的不透水泥皮和良好的浸透沉积层。如果泥浆质量恶化，就会形成厚而松、透水性大的泥皮。

（6）被泥浆携带的砂土颗粒能容易地从沉淀池、振动筛或旋流器中分离出来。

2. 泥浆的性能指标与测试方法

对于工程泥浆，目前可以把泥浆性能指标分成以下几类：

（1）流变（动）性指标。属于这方面指标的有：①漏斗黏度（F. V）；②表观黏度（A. V）；③塑性黏度（P. V）；④动切力（屈服值）（Y. V）；⑤静切力（G. S）等。这些指标是用来衡量泥浆的流动性和触变性的。

（2）泥浆的稳定性。这方面指标主要有：①胶体率（泌水性）；②稳定性（比重差）；③化学稳定性。这些指标是用来评价泥浆的物理和化学稳定性。

（3）泥浆的失水和造壁性。①失水量（F. L）；②渗失量（K）；③泥皮厚度（F. C）。这些指标是评价泥浆的造壁（泥皮）和固壁能力的重要指标。

（4）泥浆的其他指标：①相对密度；②含砂量；③pH 值；④固相含量；⑤电导率等。

泥浆指标的测试目前主要流行着三种测试方法：

（1）在欧美地区实施的 API（石油协会）标准。它使用马氏漏斗和旋转黏度计等仪器。

（2）日本土木建设部门使用的标准，是使用 500/500mL 的黏度漏斗。

（3）我国和苏联使用的用于地质钻探的泥浆标准。它的最大特点是使用 700/500mL 的野外黏度漏斗，它的失水量和静切力测量比较简单，精度不高。

目前我国基本建设行业已经逐渐接受了先进的石油泥浆测试仪器与标准，使我国工程泥浆的应用与测试水平都有了较大提高。

（1）泥浆流变性指标

泥浆流变性指标包括：各种黏度指标、静切力和动切力。

泥浆的黏度测试主要通过漏斗黏度（表观黏度）来反映。我国的漏斗黏度计规格是采用 500/700mL 黏度计，其清水黏度为 15 ± 1s。通常用于地下连续墙泥浆的黏度 20 ~ 25s。使用静置 24h（至少 12 ~ 16h）的泥浆黏度最小值在 20 ~ 22s，最大值小于 30 ~ 35s 的膨润土泥浆，即可满足国内多数地区的挖槽稳定要求。

泥浆的静切力和动切力是通过旋转黏度计测量出来的。

(2) 泥浆的稳定性

泥浆的稳定性主要是指沉降稳定性和聚结稳定性。

泥浆稳定性测量：

1) 析水性（胶体率）试验（动力稳定性）

把泥浆放入玻璃量筒内，静置24h（也有10h的），如果顶面无水析出，则性能优良；虽有水析出，但不超过高3%～5%者，仍为合格。如果泥浆中有水泥混入，水极易析出，由此可以判断泥浆质量的优劣。

2) 稳定性（上下相对密度差）试验

将已静置了24h的泥浆，分别从容器上部1/3和下部1/3取出泥浆，分别测定其相对密度。如果上下相对密度差不大于0.02，则认为合格。

3) 悬浮分散性试验，这是一项新增的测试内容，请参阅相关资料。

(3) 泥浆的失水与造壁性

测定泥浆静失水，目前主要采用气压式失水仪。通过连续测两个点（7.5min和30min）的失水量数据，求得总失水量、初失水量和渗失率三个参数。用渗失量来表示泥浆失水特征。

(4) 泥浆的其他性能

1) 泥浆的相对密度。泥浆相对密度现场常用比重计进行测定。根据经验，用当地黏土制造的泥浆相对密度多在1.15～1.20或更大；而使用膨润土制造的新鲜泥浆一般约为1.04～1.08。

2) 泥浆含砂量。现场施工时采用1004型含砂量仪测量含砂量。使用200目以上膨润土粉时，新制泥浆的含砂量很少。但在挖槽过程中，泥浆中混入土粒后，含砂量增加，一般不超过5%～8%。

3) 泥浆的pH值。泥浆适用于碱性环境中使用，新鲜泥浆的pH值在7.5～10.0之间，当大于10后泥浆变稠，性能变坏。

3. 泥浆的配制

(1) 泥浆配比材料计算

1) 黏土（膨润土）用量计算

配制1m³相对密度为r_2的泥浆，所需黏土重量q（kg）为

$$q = 1000 r_1 (r_2 - r_3)/(r_1 - r_3) \quad (3\text{-}2)$$

式中 r_1——黏土的相对密度，取2.2～2.6；

r_2——泥浆的相对密度；

r_3——水的相对密度。

2) 配浆用水量计算

配制1m³泥浆所需的水量V（L）为

$$V = 1000 - q/r_1 \quad (3\text{-}3)$$

应注意黏土与膨润土本身含水量的影响。

3) 降低泥浆相对密度所需加入的水量X（m³）为

$$X = V(r_1 - r_2)/(r_2 - r_3) \quad (3\text{-}4)$$

式中 V——原浆体积，m³；

r_1——原浆比重；

r_2——稀释后泥浆比重；

r_3——水的比重。

（2）泥浆用量计算

对施工中所需泥浆的数量计算，要考虑到在施工过程中发生的种种泥浆损失。泥浆损失的原因主要有：①由于泥皮形成而消耗；②由于向地基内渗透和漏失消耗；③在挖出渣土内留存的泥浆；④因泥浆变质而被废弃等。

1）按泥浆重复使用次数进行计算的方法：

$$泥浆总需要量 = V/n \tag{3-5}$$

式中 V——设计总泥浆方量，m^3；

n——泥浆重复使用次数，通常泥浆重复使用次数为1.2~2.0。

2）按各种泥浆损失量进行计算的方法：

$$Q = [mV/E + (E-m)(k_1+k_2)V/100E + k_3V/100](1+\alpha/100) + k_4V/100 \tag{3-6}$$

式中 Q——泥浆总需要用量，m^3；

V——地下连续墙的设计总挖土方量，m^3；

m——同时工作的抓斗台数；

E——单元槽段数；

k_1——由于混凝土而引起的变质泥浆废弃率：使用分散剂时，k_1 = 1/挖槽深度×100%；不使用分散剂时，k_1 =2.0/挖槽深度×100%；

k_2——其他原因造成的变质泥浆的废弃率；

k_3——随排除渣土而损失的泥浆和溢出导墙等损失的泥浆比例，地下连续墙属静止使用泥浆，k_3为5%~10%；

k_4——由于泥皮形成、向地基内渗透、漏失等的泥浆损失率：黏土、粉土层为1%~3%，细砂、粗砂为5%~20%，砂砾为20%~30%，预计有漏浆时应再增加5%~10%；

α——超挖率：黏土、粉土5%~10%，砂和砂砾10%~20%。

经验表明：在使用优良膨润土泥浆时，液压抓斗每从槽孔中挖出$1m^3$土消耗泥浆约为0.2~$0.3m^3$，个别则达到0.3~$0.4m^3$。可以根据这种消耗量再加上富余量来估算某个工程使用的泥浆和膨润土量。

4. 泥浆循环系统

采用钠基膨润土搅拌泥浆，现场应开挖新浆池（$100m^3$）、净浆池（$250m^3$）及沉淀池（$150m^3$），配备若干台3PNL泵进行泥浆循环，并配备1台泵将新鲜泥浆送到施工槽孔。现场泥浆池总容积一般约$500m^3$。槽段排出的泥浆经沉淀池沉淀，旋流除砂器除砂后泵送到净浆池，供下一槽段使用。

其循环工序流程见图3-10泥浆生产循环工序图。

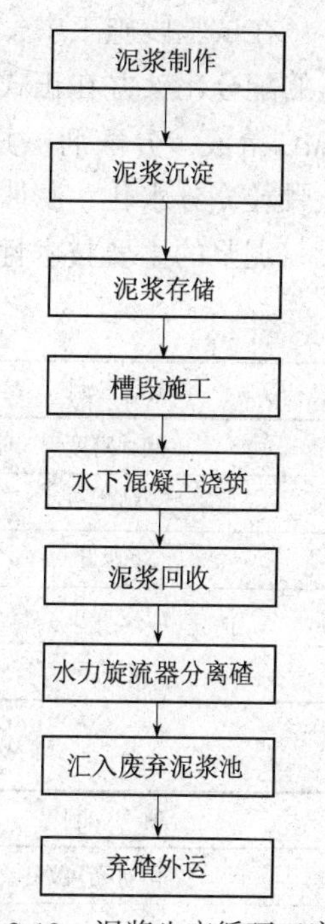

图3-10　泥浆生产循环工序

5. 泥浆配比设计及现场性能测定

(1) 确定最容易坍塌的土层

根据地基土、地下水和施工条件调查，确定泥浆主要由膨润土拌制，另加适量的增黏剂 CMC 和分散剂。由于本工程地下连续墙是在软弱的冲积层中施工，主要由黏土、粉质黏土、粉土、粉砂等互层构成，对于这样的复合地基，应以最容易坍塌的土层（粉土、粉砂）为主确定泥浆配合比。

(2) 确定必要的泥浆黏度

必要的泥浆黏度可保证地基的稳定。当然地基土质很重要，但有无地下水、挖槽方式以及泥浆循环方式的不同，对泥浆黏度的要求也有所不同。从土质上来说，用于砂质土地基的泥浆黏度应大于黏性土地基，用于地下水丰富的地基的泥浆黏度应大于没有地下水的地基。另外，在泥浆静止状态下挖槽，特别是大型抓斗水下提拉的挖槽方式，易使槽壁坍塌，所以泥浆黏度要大于泥浆循环挖槽方式时的黏度。

根据工程地质条件、水文情况、当地类似工程经验，只要使用静置 24h 的泥浆黏度（700mL/500mL）在 18~25s 的膨润土泥浆，即可满足地下连续墙挖槽稳定要求。表 3-4 为地下连续墙施工中具有代表性的泥浆配合比：

代表性的泥浆配合比 **表 3-4**

土质	膨润土（%）	CMC（%）	分散剂 Na_2CO_3（%）	其他
黏性土	6~8	0~0.02	0~0.5	
砂土	6~8	0~0.05	0~0.5	
砂砾	8~12	0.05~0.1	0~0.5	防漏剂

(3) 泥浆试配与修正

在试验段施工中，对前面确定的基本配合比进行检验、确定。根据护壁情况，确定合适的配合比，并在正式施工中根据实际情况进行调整。搅拌泥浆的顺序为水→膨润土→CMC 溶液→分散剂→其他外加剂。搅拌出的新浆在贮浆池内一般静止 24h 以上，以便膨润土颗粒充分水化、膨胀，测试合格后方可使用。

泥浆的主要技术性能指标见表 3-5、表 3-6：

新浆液性能指标及其测定 **表 3-5**

项　目	性能指标	测试方法
相对密度	1.05~1.15	泥浆比重秤
黏度	20~25s	500mL/700mL 漏斗法
含砂量	<4%	含砂量测定仪
泥皮厚度	1~3mm/30min	失水量仪
pH 值	8~9	pH 试纸

循环泥浆性能指标及其测定 **表 3-6**

项　目	性能指标	测试方法
相对密度	<1.20	泥浆比重秤
黏度	20~30s	500mL/700mL 漏斗法

续表

项　　目	性能指标	测试方法
含砂量	<5%	含砂量测定仪
泥皮厚度	1～3mm/30min	失水量仪
pH 值	<11	pH 试纸

6. 泥浆净化

待成槽机开挖后，将储浆池中的泥浆输入槽内，保持液面距导墙顶以下300mm左右，并高于地下水位500～1000mm以上。灌注水下混凝土的同时，将置换出来的泥浆泵送至泥浆处理池，经净化处理分离出泥浆中的渣土，恢复泥浆的正常性能，可重复循环使用。回收泥浆检测，如性能指标严重恶化，则需作废浆处理，保证施工质量及清洁。

7. 泥浆质量管理

（1）新拌泥浆每隔24h测试其性能，掌握其性能随时调整，回收泥浆应做到每池检测。

（2）对槽内泥浆定期取样测试。若达不到标准规定，要及时调整泥浆性能。

（3）抓斗提升出地面时要及时补浆，以保持槽内泥浆面高度。

（4）在清槽结束后测一次黏度和相对密度，浇筑混凝土前再测一次，并做好原始记录。

3.3　地下连续墙施工

3.3.1　成槽施工流程

成槽是地下连续墙施工的一道重要工序。其重点是槽段开挖、清槽、槽段垂直精度控制和施工管理等。

一般地下连续墙的施工流程详见图3-11。

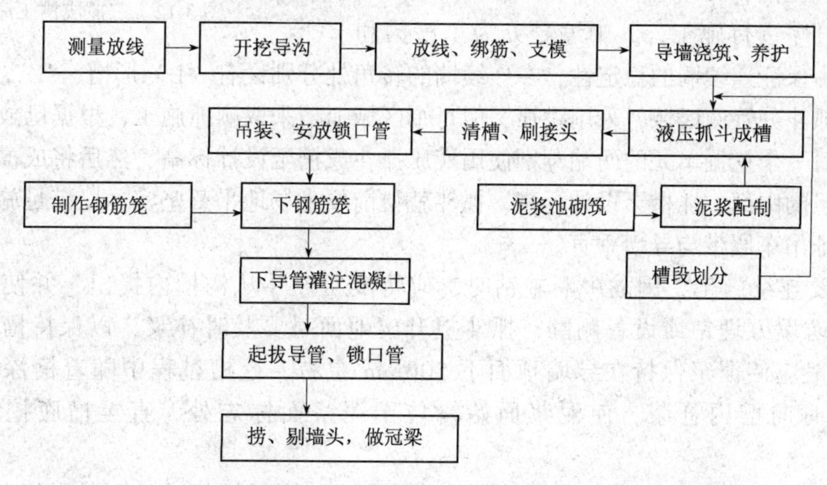

图3-11　地下连续墙施工流程图

混凝土地下连续墙的挖槽过程，一般需完成如下几项工作：

（1）测量放线；

（2）构筑平台、导墙和临时设施；

（3）设备进场、安装与调试；

（4）采购原材料与零配件等；

（5）搅拌泥浆并静置24h；

（6）挖槽、清槽以及废渣处理与外运消纳；

（7）钢筋和预埋件加工与吊放；

（8）混凝土的生产、运输及浇筑；

（9）接头管的吊放与起拔；

（10）墙体质量检测等。

3.3.2 成槽施工要点

1. 制备泥浆

按事先试验验证的材料配合比，在泥浆站内搅拌泥浆，其数量应为1.0～2.0倍槽段体积，并静置24h左右，挖槽前向导墙内放满泥浆。

2. 成槽

根据槽段划分，各槽段按照“跳一挖一”施工，首先施工Ⅰ序槽，然后施工Ⅱ序槽。成槽工序是地下连续墙施工关键工序之一，既控制工期又影响质量，根据地质情况，采用地下连续墙液压抓斗施工。在抓土过程中，抓斗应对准导墙中心挖土，通过液压抓斗导向杆调整抓斗的位置和垂直度，以控制成槽进度。

基本槽段（一般6m一个槽）采用一槽三抓挖槽法，先两边后中间，异形槽也基本采用一槽三抓挖槽法（见图3-12）。

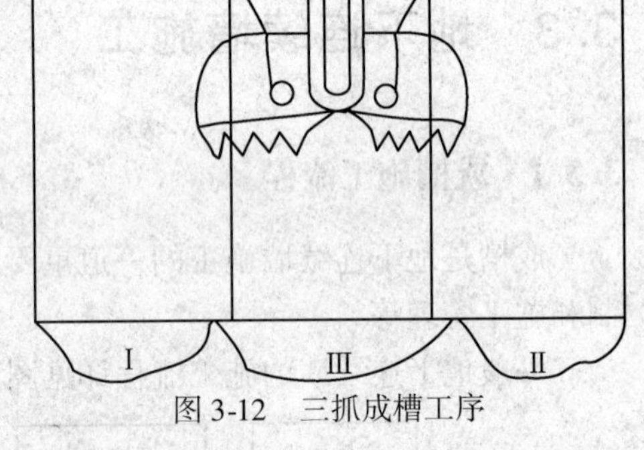

图3-12 三抓成槽工序

槽段分序进行施工，其中编号分为Ⅰ序槽和Ⅱ序槽；为保证连续墙的稳定性，在连续墙的转角处分别设有“L”形槽、“Z”形槽。

每个抓斗分管两区域，采用跳抓，但每个区域抓槽采取顺抓施工，根据已放出的槽段线，先在每一个挖掘单元的两端分别使用液压抓斗成槽至设计标高，然后将成槽设备抓斗移至该槽段的中部，抓槽至设计标高。抓斗就位前要求场地平整坚实，以满足施工垂直度要求，保证吊车履带与导墙垂直。

挖槽要连续施工，因故中断施钻时，应将液压抓斗从沟槽内提出，并使设备远离槽段，以防塌方埋钻或设备侧翻。抓斗提升出地面时要及时补浆，以保持槽内泥浆面高度，一般应使泥浆保持在导墙顶面下500mm左右，挖槽过程中随着槽深的向下延伸，要随时向槽内补浆，使泥浆面始终位于泥浆面标志处，直至槽底挖完，以防坍槽。

当槽段挖至设计高程后，应及时检查槽位、槽深、槽宽和垂直度，并做好记录，连续墙施工顺序见表3-7。

连续墙施工顺序表　　　　表 3-7

序号	示意图	说明
1	Ⅱ　Ⅰ　Ⅱ　Ⅰ　Ⅱ	待开挖的连续墙编号，分为Ⅰ序槽段和Ⅱ序槽段
2	Ⅱ　Ⅰ　Ⅱ　Ⅰ　Ⅱ	先开挖Ⅰ序槽段，Ⅰ序槽段内按照跳一挖一的原则进行施工
3	Ⅱ　Ⅱ　Ⅱ	Ⅰ序槽段抓孔完成后，进行清孔，下钢筋笼
4	Ⅱ　Ⅰ　Ⅱ　Ⅰ　Ⅱ	Ⅰ序槽段灌注水下混凝土
5	Ⅱ　Ⅱ　Ⅱ	Ⅰ序槽段混凝土达到强度，开挖Ⅱ序槽段
6		对Ⅱ序槽段两端与Ⅰ序槽段接头处采用钢丝刷清刷接头，然后下放钢筋笼
7		浇筑Ⅱ序槽段混凝土，连续墙连成一个整体后，进行冠梁施工

3. 清槽

当成槽并沉淀 1h 后，用抓斗抓起槽底余土及沉渣，此为一清。若沉渣厚度和孔底附近泥浆达不到规范要求时，浇筑混凝土前再利用灌注导管（采用双 3PN 大泵并联）进行正循环清渣，流量在 100～200m^3/h。清槽后测定泥浆相对密度应小于 1.20，含砂率不大于 5%，黏度不大于 30s。槽底沉渣厚度小于 100mm，此为二清。

（1）清槽要点：下笼后，应保证泥浆的循环，以免在泥浆静置时，悬渣沉淀。通过导管的泥浆正循环，开始时应将导管提起 5～6m，进行循环，待泥浆相对密度基本一致开始逐渐下放至槽底。清底在刷完壁或下完锁口管后进行。

（2）槽段接头清刷：用吊车吊住刷壁器（图 3-13）对槽段接头混凝土壁进行上下刷动，以清除混凝土壁上的杂物。刷壁要点如下：

图 3-13　刷壁器

1）刷壁过程中要注意钢丝绳偏移变化，判断接头位置有否异常。

2）刷壁要斜向拉，相邻槽段要尽早施工，以免泥皮过厚，附着过硬，难以清洗。

3）成槽后，抓斗要尽量在锁口管位置紧贴已浇槽段向下除去混凝土。

（3）使用外形与槽段接头形状相匹配的清刷器对相邻槽段接头界面进行刮除、清刷泥皮。停待约1h，使土渣沉淀后，再用抓斗细抓清底。

4. 槽的检测与验收

挖槽精度是衡量地下连续墙质量的关键要素。由于地下连续墙的施工特点，只有随时进行检查和纠正，才能使成槽工作顺利进行。

（1）深度简易检测

槽深采用标定好的测绳测量，每幅根据其宽度测2～3点，同时根据导墙实际标高控制挖槽的深度，以保证地下连续墙的设计深度。

（2）槽段斜率简易检测法

槽段在某一深度处的实际槽段中心与设计槽段中心的距离是该槽深处的偏斜值，偏斜值与槽深之比即为槽段的斜率。简易检测法通常用孔口偏差值换算法。目前，我国地下连续墙斜率没有统一标准。允许接头孔孔斜值从2/1000～1/100，相差很大，但必须满足接头套接孔的两次孔位中心在任一深度的偏差值不得大于设计墙厚的1/3。如使用接头管（箱）不受此限制。

（3）超声波检测法

为准确检查已成槽段的形状、槽深、槽斜，采用超声波检测仪具有很好的效果。超声波检测仪检测槽段具有以下特点：

1）地下连续墙是一个窄而深的长槽，用超声波检测仪可同时测试出槽的宽度、深度、厚度以及尺寸偏差和孔壁形状。

2）各种测试数据均可记录在特种记录纸上，可同步绘出图形，直观地反映出槽段的问题。

3）当使用黏土泥浆施工时，槽底泥浆相对密度大时，也能量测准确。

（4）验收

根据施工规范要求，地下连续墙在挖槽施工过程中，要进行三次验收，即单孔验收、终孔验收和清槽验收。

1）单孔验收。对于墙底入岩或进入黏土隔水层的防渗墙来说，常常要进行单孔验收。验收的重点是确定基岩面或黏土层面。

2）终孔验收。包括以下内容：槽深、槽宽、槽斜。

3）清槽验收。主要包括槽底淤积厚度、槽内泥浆性能、接头刷洗质量等。

5. 成槽的质量保证措施

（1）防止槽段开挖坍方

1）槽段开挖是地下墙施工的中心环节，也是保证工程质量的关键工序，其首要条件挖掘槽段时不能产生坍塌，即从开挖至浇完混凝土为止，始终保持槽壁稳定。

2）单元槽段的形状和开挖停置时间对槽段稳定的影响

① 根据地质情况决定槽段长短。槽段长、幅数多、停置时间长，易发生塌方；反之，槽段短、时间短，塌方可能性相对小些；

② 一字形槽段坍方可能性较T字形小些，锐角形槽段塌方可能性比钝角形大些；“[”

形槽段塌方可能性更大些；

③ 所谓停置时间，是指槽段开挖之后到浇筑混凝土之前这段时间，原则上这段时间越短越好，规范要求为8h，但实际上由于三班作业等原因，常常要长一些。关键在于控制泥浆的物理力学指标、泥浆液面高度以及地下水位变动与控制侧向瞬间压力。

（2）从控制泥浆物理力学指标来保证槽段的土体稳定

1）泥浆是保证槽壁稳定的重要措施，必须确定其符合工程水质、土质要求的泥浆配合比，配置的泥浆物理力学指标要满足规范要求。

2）防止暴雨对槽段内泥浆侵害，导墙需高出地面10~20cm。

3）导墙外应敷设水沟、集水井，及时排出地下水。

4）对每一幅槽段的泥浆指标，均要从槽段底标高20cm处取泥浆样品做检查，满足小于1.2g/m^{3}的要求。

5）施工过程中要严格控制泥浆液面，使之每一瞬间均超过地下水位0.5m以上，这样，一方面杜绝了地下水侵蚀泥浆，对泥浆性能的破坏；另一方面保持一个土壁的渗透压力，对形成薄而韧性的泥皮有益。

（3）采用井点降水措施，保证土壁稳定

采用井点降水，一则可以降低地下水位，以减少地下水对土壁的渗透压力，二则可以使土体固结，加大土的内摩擦角，增强土壁稳定性，但是井点降水会使周围土体产生沉降，故要慎重对待。

（4）控制瞬间侧压力，对重型设备产生的侧压力采取有效的分散措施

在地下墙施工中，重型设备有成槽机、重型吊机和搅拌车等。其中搅拌车直送混凝土熟料时，支撑在开挖后槽段边缘的汽车轮胎处，由汽车自重再加混凝土熟料重引起的侧压力对槽壁有威胁。

（5）槽段的加固

如地下墙个别槽段土质很差，为防止塌方可采取深层搅拌或其他路基加固措施。

（6）保证导墙的强度、刚度

导墙必须有一定的强度和刚度，并坐落在密实的原状土层之上，防止由于导墙地基发生坍塌或受到冲刷和产生漏浆及导墙坍落现象而引起槽段塌方。再有导墙不直、到墙面不平，也对施工带来影响。

（7）保证地下墙垂直度的技术措施

1）目前的地下墙，有的作为临时维护结构，有的作为主体结构组成部分，为此常有较高的垂直度要求。对于测定槽段垂直度，国内外多采用超声波垂直精度测定装置或接触性测定器等方法。

2）根据不同地质情况和槽段形状，在成槽时，采取下列措施：

① 导板抓斗挖掘时，其吊车履带应与槽段平行；

② 导板抓斗抓土时，除需缓慢均匀提升外，还需正向抓几斗后，反向抓相同斗数，以保持开挖槽段垂直；

③ 为保证机械平衡，要注意机械运行道路的铺设质量，要铺填密实；

④ 需用经纬仪观测导杆，使抓斗中心与槽段中心一致；

⑤ 随时注意导杆垂直度的变化，因导杆之变化将引起槽段垂直度变化。

（8）保证成槽质量应采取的措施

1）在导墙施工可能损坏邻近建筑物基础时，除事先采取注浆等地基处理手段外，必须保证导墙的基础穿过回填土，做在原状土上，同时为防止连续墙与基础间的土被挖除，建议采用微型桩或深导墙稳定建筑物基础部分土体。

2）浅层松散砂土在挖槽过程中可能坍塌，为此在开挖过程中最好让泥浆渗透进去，使松砂稳定，并应尽量降低施工速度，以使泥浆充分渗透。同时可采用固结注浆稳定松散地层。

3）对于非常软的黏土层，由于机械振动，槽段可能出现挤压或坍塌，因此对于此类地层在加快施工速度同时，增加泥浆压力或减少槽段宽度均有利于施工稳定。

4）泥浆流失在砂砾石地层中是常见的现象，严重时可能导致坍塌，对此建议在泥浆中加入堵漏材料并增加泥浆黏度。当地下水位比较高和泥浆流失同时发生时，在泥浆中加入泥浆流失控制剂，并同时提高泥浆压力。

5）低含水量的黏土可能在槽段开挖中遇到泥浆后膨胀，最好采用高密度的聚合物泥浆。

6）地下水升高可能导致突然的槽段坍塌，为此应设置井点降水，控制地下水位。同时当地层有含承压水时，最好事先安置泄压井以减少承压水压力。

7）如果地下水含有大量的钙、钠、铁等元素，为防止泥浆快速变质，建议用聚合物泥浆。

3.3.3 钢筋笼制作和吊装

1. 钢筋笼制作

（1）制作平台要求

平台基面应浇筑素混凝土，基面应平整，高差 < 2cm。其上安装与最大单元槽段钢筋笼长宽规格相同的⊏10 槽钢平台上（如图 3-14 所示）。槽钢按下横上纵排列、横向间距 4m、纵向间距 1.5m 焊接成矩形，四角应成 90°，并在制作平台的四周边框上按钢筋纵横间距尺寸焊定位筋。根据本工程特点及进度要求，钢筋笼制作平台每组设两个，并做成可移动式，以便施工场地合理利用。

（2）钢筋笼制作

在制作平台上，按设计图纸的钢筋品种、长度和排列间距，从下到上，按横筋→纵筋→桁架→纵筋→横筋顺序铺设钢筋，钢筋交点采用焊接成型（见图 3-15）。制作过程中应注意以下问题：

图 3-14　钢筋笼制作平台示意图

图 3-15　钢筋笼制作

1）地下连续墙钢筋主筋采用直螺纹套筒机械连接，其他钢筋连接采用焊接。

2）按2组导管间距不大于3m，导管与槽端间距不大于1.5m的水下混凝土灌注要求，预留导管放置通道，通道宽度应大于导管直径20cm。

3）按设计预埋件规格、位置、标高，将预埋件准确焊接固定在钢筋笼上。为保证预埋筋、预埋件位置，施工时易于寻找，采用挤塑板保护。

4）根据钢筋笼安装标高和导墙顶面的实际标高，确定吊筋长度，并将吊筋吊环焊接在桁架的纵筋上（见图3-16）。

5）为保证钢筋笼起吊时的刚度，在钢筋笼内布置3～4榀桁架：槽段宽度大于5m时，架立桁架为4榀；槽段宽度小于5m时，架立桁架为3榀。钢筋笼水平筋与桁架钢筋交叉点、吊点2m范围、钢筋笼口处应100%点焊，其他位置50%点焊。

6）根据平均分布原则，在桁架上确定吊点位置，主吊2点，位于钢筋笼顶端；副吊4点位于钢筋笼中、下部，并在确定的吊点位置上用预弯成“]”形的钢筋与桁架上下纵筋焊接加固（见图3-17）。

图3-16　钢筋吊环设置

图3-17　钢筋笼吊环加固

7）在每幅钢筋笼两面横向布设2～3排保护层垫块（具体排数根据槽段宽度定）。保护块焊接在桁架纵筋上，竖向间距4～5m。保护块用4mm厚扁钢制作（见图3-18）

8）钢筋笼纵筋下口以上500mm范围内做成1：10的收口，以免下放钢筋笼时剐蹭槽壁。

9）转角部位的钢筋笼应设置斜撑，以增加吊装刚度和稳定，待下笼时逐根切割掉。

10）钢筋笼制作完成后，按照使用顺序加以堆放，并应在钢筋笼上标明其上下头和里外面及单元槽段编号等。

（3）钢筋笼起吊

钢筋笼起吊是将钢筋笼由水平状态转成垂直状态的过程，地下连续墙钢筋笼重量大，一般由1台较大吨位的吊车和1台较小吨位的吊车共同完成吊装任务（见图3-19、图3-20、图3-21），步骤如下：

钢筋笼制作前要根据钢筋笼的大小计算出钢筋笼的重心（特别是异形槽幅），确定出吊点位置，以保证在起吊时吊点重心与钢筋笼的重心在同一铅垂线上。吊放采用双机抬吊，空中回直，其中以大吨位履带吊作为主机，小吨位吊机作副机。起吊时必须使吊钩中心与钢筋笼形心相重合，保证起吊平衡。主吊车通过横担、滑轮、钢丝绳2点吊于钢筋笼顶端。副吊通过横担、滑轮组、钢丝绳4点吊于钢筋笼中、下部。主、副吊同时将钢筋笼水平起吊离开平台后，主吊逐步上升，副吊在上升的同时，向主吊运动，使钢筋笼由水平状态逐渐转成垂直状态。待主吊承受全部重量后，卸去副吊。起吊过程中，要注意辨别钢筋笼的开挖面及迎土面。如主吊车在基坑迎土面一侧，应使钢筋笼迎土面朝向主吊车，反之，则钢筋笼开挖面朝向主吊车。吊装时应注意：

1）异形槽段钢筋笼制作时应用钢筋作为撑杆进行加强，防止起吊时变形。起吊用索具应长短一致，下放时不可强行入槽。

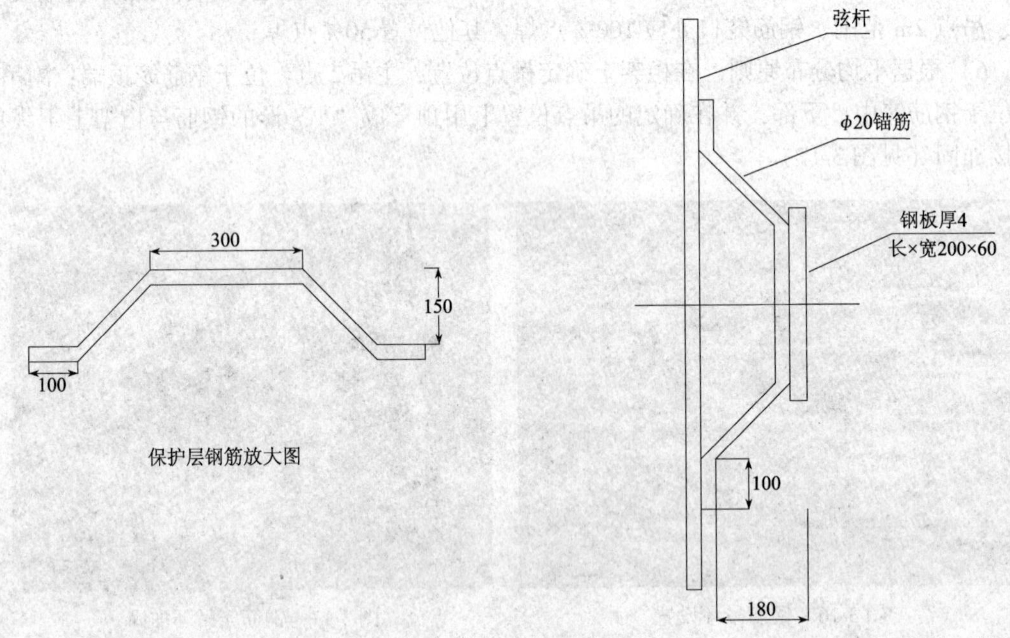

图3-18　钢筋笼保护层垫块

（a）

（b）

图3-19　双机抬地下连续墙钢筋笼示意图

（a）步骤一；（b）步骤二

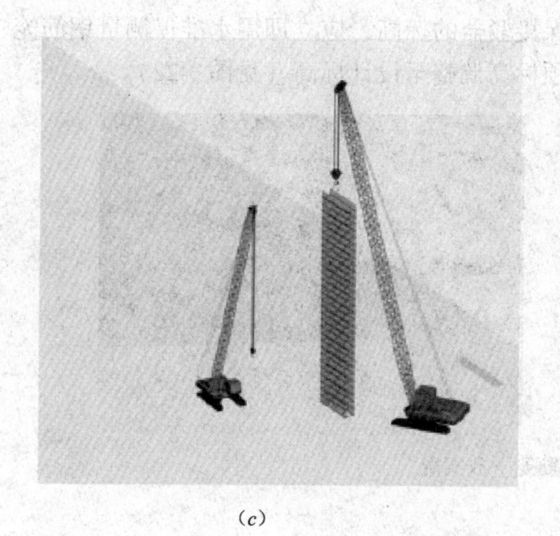

（c）

（d）

图 3-19　双机抬地下连续墙钢筋笼示意图（续）
（c）步骤三；（d）步骤四

图 3-20　钢筋笼起吊情况

图 3-21　钢筋笼安装

2）为保证钢筋笼起吊，在钢筋笼制作时需对钢筋笼进行加强。

3）吊装钢筋笼前必须检查钢筋笼编号、尺寸，由于预埋件位置及标高都有所不同，因此必须对号入座。

4）起吊时不能使钢筋笼在地面拖拉。为防止钢筋笼吊起后在空中摇摆，在钢筋笼下段系牵引绳用人力操纵。由主吊车将钢筋笼提离地面 0.5m，负重自行至槽段处，调整吊车位置，使钢筋笼对中槽段，平稳下放，同时卸去副吊的横担、滑轮组及钢丝绳。

5）吊放钢筋笼必须垂直对准槽中心，吊放速度要慢，不得强行压入槽内，发现困难时及时吊起经处理后重新吊放。

6）当主吊点接近导墙顶面时，用铁扁担将钢筋笼悬吊在导墙上，主吊改为吊在吊环上后，继续下放。调整钢筋笼位置准确后，将钢筋笼固定在导墙上，下导管，进行混凝土灌注。同时在锁口管外侧填装土或砂的袋子沉到槽底，堵住缝隙，防止混凝土绕流。

7）钢筋笼标高控制：在钢筋笼下放到位后，由于吊点位置与测点不完全一致，吊筋会拉长等因素，会影响钢筋笼的标高，为确保接驳器的标高，应立即用水准仪测量钢筋笼的笼顶标高，根据实际情况进行调整，将笼顶标高调整至设计标高（见图3-22）。

图3-22　钢筋笼下放实况

2. 吊装验算

钢筋笼吊装共设置18个吊点，沿钢筋笼长度设置6道，沿钢筋笼宽度方向设置3列。

（1）吊车选型验算

根据分析比选，副吊车和主吊车选用考虑整体吊装42.35m钢筋笼进行计算。钢筋笼竖向吊点布置如图3-23所示。

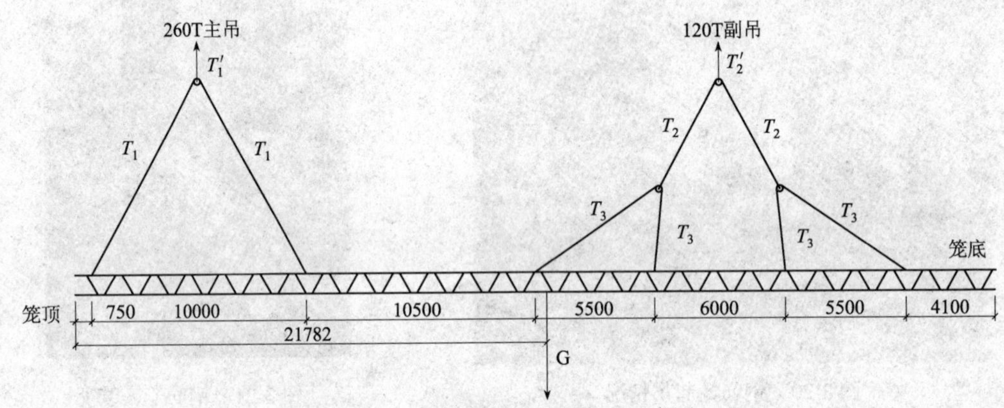

图3-23　钢筋笼竖向吊点布置示意图

1）重心取值：取重心距笼顶 $i=21.782$m

2）竖向吊点位置为：笼顶下0.75m+10m+10.5m+5.5m+6.0m+5.5mm+4.1m=42.35m

根据起吊时钢筋笼平衡得：

$$T_1'+T_2'=59.456\text{t} \tag{3-7}$$

$$T_1'\times5.75+T_2'\times29.75=59.456\times21.782 \tag{3-8}$$

由以上式（3-7）、式（3-8）得：

$$T_1'=19.739\text{t}\quad T_2'=39.717\text{t}$$

则　$T_1=19.739/2/\sin60°=11.396\text{t}\quad T_2=39.717/2/\sin60°=22.931\text{t}$

$$T_3=22.931/2/\cos27°=12.868\text{t}$$

3）水平吊点位置

水平吊点位置设置考虑力矩平衡，经计算确定，详见图3-24钢筋笼水平吊点布置图

（首开及闭合槽段）、图 3-25 钢筋笼水平吊点布置图（顺开槽段）。

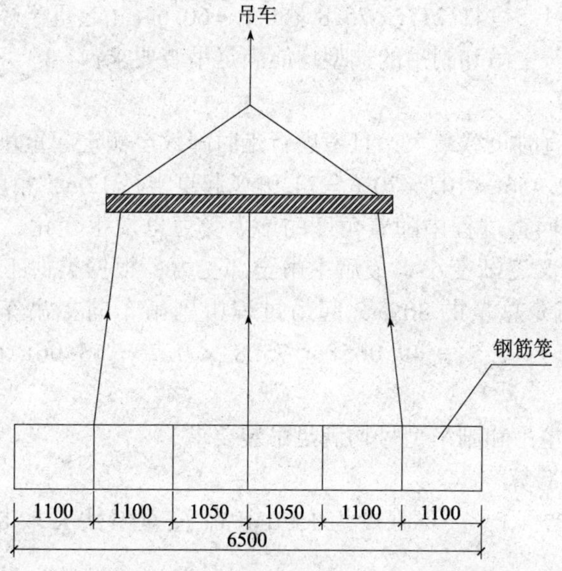

图 3-24　钢筋笼水平吊点布置图（首开及闭合槽段）

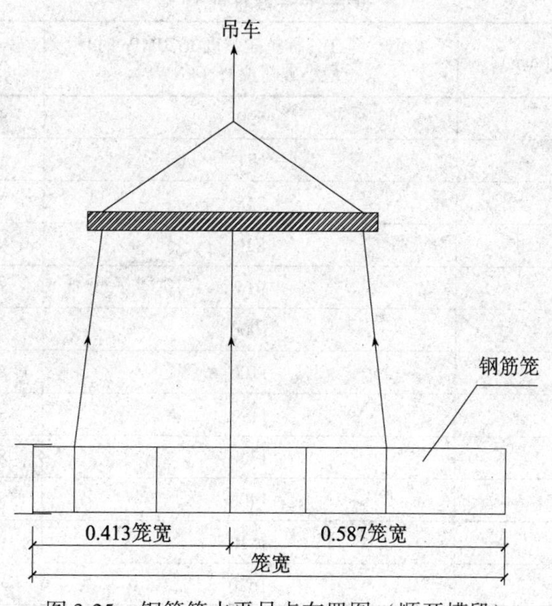

图 3-25　钢筋笼水平吊点布置图（顺开槽段）

设钢筋笼宽度为 a，吊点中心距工字钢侧距离为 h，钢筋笼重量为 G，工字钢重量为 N，按力矩平衡如下：

$$G/a \times (a-h) \times (a-h)/2 = G/a \times h \times h/2 + h \times N \quad (3\text{-}9)$$

则：　$41.85/a \times (a-h) \times (a-h)/2 = 41.85/a \times h \times h/2 + h \times 8.832$

计算得：　$h = 0.413\text{m}$

4）平吊钢筋笼验算

平抬钢筋笼时主吊负载为 $T'_1 + 3.0 = 22.739\text{t} < 107 \times 80\% = 85.6\text{t}$（起重半径 12m，角

度 78.46°)。

副吊负载为 $T'_2+1.5=41.217t<75.8\times80\%=60.64t$(起重半径 8m,角度 77.51°)。

故钢筋笼平吊时,主吊和副吊的选型均能满足吊装要求。

5) 负载最大验算

主吊在钢筋笼垂直时负载最大,且考虑行走时降效至额定起重量的 70%,即为:

$59.456+3.0=62.456t<107\times70\%=74.9t$(起重半径 12m,角度 78.46°)。

副吊机在钢筋笼回直过程中随着角度的增大受力也发生变化,受力逐渐增大,当到达一定角度后,受力又逐渐变小,最后主吊全部受力,根据类似工程施工经验,考虑副机的最大受力为钢筋笼总量的 80%,起吊过程中副吊车向主吊车靠拢,按 70% 折减,即为 $59.456\times80\%+1.5=49.065t<75.8\times0.7=53.06t$(起重半径 8m,角度 77.51°)。

综上计算可知,主吊和副吊型号均满足吊装要求。

(2) 钢丝绳强度验算

钢丝绳采用 $6\times37+1$,公称强度为 1570MPa,安全系数 K 取 8,钢丝绳主要性能如表 3-8所示。

钢丝绳主要性能表　　表 3-8

序号	钢丝绳型号(mm)	钢丝绳在公称抗拉强度 1570MPa 时最小破断拉力(kN)	K	容许拉力 $[T]$ (t)
1	34	599	8	7.49
2	36	671	8	8.39
3	38	748	8	9.35
4	40	829	8	10.36
5	42	914	8	11.43
6	44	1000	8	12.5
7	46	1100	8	13.75
8	48	1190	8	14.88
9	50	1300	8	16.25
10	52	1400	8	17.5
11	54	1510	8	18.88
12	56	1620	8	20.25
13	58	1740	8	21.75
14	60	1870	8	23.38

1) 主吊扁担上部钢丝绳验算(整体钢筋笼,重量 59.456t)

扁担长度 4m,钢丝绳与扁担夹角为 60°。

钢丝绳在钢筋笼竖立起来时受力最大。

吊重:$Q_1=Q+G_{主吊}=59.456t+3.0t=62.456t$。

钢丝绳直径:56mm,$[T]=20.25t$;钢丝绳长度:8m(起吊绳)。

钢丝绳:$Q_1/(4\sin b)=62.456/(4\times\sin60°)=18.029t<[T]$。

2）主吊扁担下部钢丝绳验算（整体钢筋笼，重量59.456t）

钢丝绳在钢筋笼竖立起来时受力最大。

吊重：$Q=59.456\mathrm{t}$。

钢丝绳直径：48mm，$[T]=14.88\mathrm{t}$；钢丝绳长度：18m（起吊绳）+10m（连接绳）。

钢丝绳：$T=Q/6=59.456/6=9.91\mathrm{t}<[T]$，满足要求。

3）副吊扁担上部钢丝绳验算

根据钢筋笼起吊过程副吊受力变化情况，副吊最大荷载取钢筋笼重量的80%，副吊扁担1.5t，副吊最大受力为$59.456\times0.8+1.5=49.065\mathrm{t}$。

钢丝绳直径：48mm，$[T]=14.88\mathrm{t}$；钢丝绳长度：8m。

钢丝绳：$T=49.065/4\sin b=49.065/(4\times\sin60°)=14.164\mathrm{t}<[T]$，满足要求。

4）副吊扁担下部钢丝绳验算

通过钢筋笼在起吊受力分析，知副吊最大作用力47.565t。

钢丝绳直径：46mm，$[T]=13.75\mathrm{t}$；钢丝绳长度：15m（起吊绳）

钢丝绳：$T=47.565/6\sin b=47.565/(6\times\sin60°)=9.154\mathrm{t}<[T]$，满足要求。

5）副吊钢筋笼连接部位钢丝绳验算

通过钢筋笼在起吊受力分析，知副吊最大作用力47.565t。

钢丝绳直径：36mm，$[T]=8.39\mathrm{t}$；钢丝绳长度：11m（起吊绳）。

钢丝绳：$T=47.565/6\sin b/2/\cos27°=47.565/(6\times\sin60°)/(2\times\cos27°)=5.137\mathrm{t}<[T]$，满足要求。

（3）主吊把竿长度验算

钢筋笼长度42.35m，扁担下钢丝绳长度4.25m，扁担上钢丝绳有效长度3.25m；

吊机吊钩卷上允许高度9.5m，其他扁担高度等约1.5m，吊装富余高度1m；

扁担长度5m，主机机高3.041m。

1）扁担碰吊臂验算：$L=9.5+3.25=12.75>5/2\times\tan78.46°=12.24\mathrm{m}$满足要求。

2）钢筋笼回卷碰吊臂验算：$L=3.25+4.25+9.5+1.5=18.5\mathrm{m}>6.5/2\times\tan78.46°=15.92\mathrm{m}$。

3）提升高度$=42.35+3.25+4.25+9.5+1.5+1=61.85\mathrm{m}$。

4）吊臂长度$L\geqslant(61.85-3.041)/\sin78.46°=60\mathrm{m}$。

钢筋笼主吊选用300t履带吊：主臂长度60m，角度78.46°，提升高度58.788m，额定起重量107t。

（4）吊攀验算

钢筋笼上吊攀（采用HPB300）验算$A_s=K\times G/(n\times2\times f_c)\times\sin\alpha$。

A_s：吊点钢筋截面积，cm^2；

K：安全系数取2；

G：整体钢筋笼重量59456kg；

α：90°；

n：上部钢筋笼吊点个数取6；

f_c 钢筋抗拉强度设计值：HPB300 2100 $\mathrm{kg/cm^2}$，HRB335 3000 $\mathrm{kg/cm^2}$。

钢筋笼吊筋：$A_s=2\times59456/(6\times2\times2100)\times\sin90°=4.719\mathrm{cm}^2$。

取 $D=3.2\text{cm}, A_g=8.04\text{cm}^2>4.719\text{cm}^2$，符合要求。

综上可知，本工程钢筋笼吊攀钢筋取 $\phi32$。

（5）卸扣及滑轮验算

卸扣的选择按主副吊钢丝绳最大受力选择。主吊卸扣最大受力在钢筋笼完全竖起时，副吊卸扣最大受力在钢筋笼平放吊起时，按钢筋笼重量80%计。

1）主吊卸扣及滑轮选择

$$P_1=(59.456+3.0)/2\sin60°=34.327\text{t} \tag{3-10}$$

主吊扁担上部选用高强卸扣50t：2只。

卸扣受力计算：$P_2=Q/3=59.456/3=19.82\text{t}$。

主吊扁担下部选用3个30t卸扣，主吊扁担下设滑轮三个，承载能力30t。

钢丝绳与钢筋笼连接用卸扣6个20t。

2）副吊卸扣选择

根据计算，副吊受力最大47.565t。

$$P_3=47.565/2\sin60°=27.46\text{t} \tag{3-11}$$

副吊扁担上部选用高强卸扣35t：2只。

扁担下部卸扣受力计算：$P_4=27.46/3=9.153\text{t}$；副吊扁担下部选用3个30t卸扣。滑轮采用3个承载力30t滑轮。

钢丝绳与钢筋笼连接用卸扣12个20t，副吊副绳滑轮采用3个承载力20t滑轮。

（6）吊车双机抬吊系数（K）整体验算

$$N_{主机}=107\text{t}; N_{索}=3.0\text{t}; Q_{吊重}=59.456\text{t}$$

$$K_{主}=(59.456+3.0)/107=0.584$$

注：主机作业半径控制在12m以内。

$$N_{副机}=75.8\text{t}; N_{索}=1.5\text{t}; Q_{吊重}=47.565\text{t}$$

$$K_{副}=(47.565+1.5)/75.8=0.647$$

注：副机作业半径控制在8m以内。

吊点选择：吊点处节点加强，按吊装要求，钢筋笼进行局部加强。

起吊钢筋笼过程中主副吊起重半径及起重角度均需控制在额定的范围内。

3. 钢筋笼的固定

（1）根据要求，在钢筋笼吊放前要再次复核导墙上6个支点的标高，精确计算吊筋长度，确保误差在允许范围±5cm内。

（2）吊钩中心必须与钢筋笼形心重合，保证起吊后钢筋笼垂直。

（3）钢筋笼起吊后禁止与地面接触，以防钢筋笼变形。

（4）吊放网片必须垂直对准槽中心，吊放速度要慢，不得强行压入槽内，发现振阻及时吊起经处理后重新吊放。将网片固定后，下导管，进行混凝土灌注。

3.3.4 槽段接头处理

划分单元槽段时必须考虑槽段之间的接头位置，以保证地下连续墙的整体性。一般接头应避免设在转角处以及墙内部结构的连接处。对接头的要求：

（1）不能妨碍下一单元槽段的挖掘；

（2）能传递单元槽段之间的应力，起到伸缩接头的作用；

（3）混凝土不得从接头下端流向背面，也不得从接头与槽壁之间流向背面；

（4）在接头表面上不应黏附沉渣或变质泥浆的胶凝物，以免造成强度降低或漏水。

锁口管接头是地下连续墙最常用的一种接头，槽段挖好后吊入锁口管。其施工过程如图 3-26、图 3-27 所示。

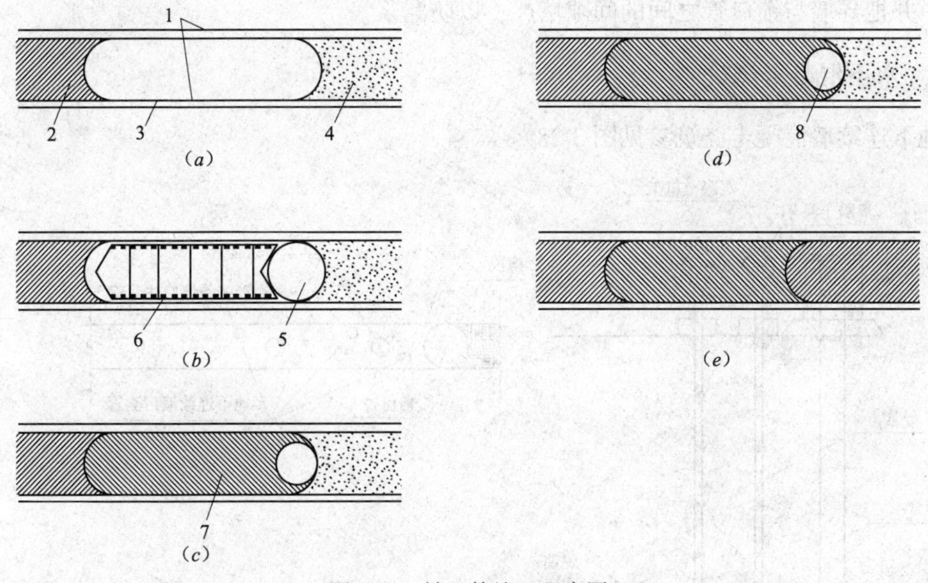

图 3-26　锁口管施工程序图

（a）槽段开挖图；（b）吊放锁口管及钢筋笼入槽；（c）混凝土灌注图；（d）接头管拔除图；（e）已建成槽段

1—导墙；2—已完工的混凝土地下连续墙；3—正在开挖槽段；4—未开挖地段；5—锁口管；6—钢筋笼；7—完工的混凝土地下连续墙；8—接头管拔除后的孔洞

1. 锁口管质量检查

（1）检查锁口管表面是否清洁，如受污染需进行处理，确保浇筑混凝土不受污染。

（2）检查锁口管表面是否光滑，如有缺陷，需进行修补、打磨等，减少锁口管顶拔时的摩擦力。

（3）特别要检查焊缝处，是否有裂缝等隐患，消除顶拔时出现锁口管断裂等情况，保证锁口管顶拔时顺利，确保混凝土接缝质量。

图 3-27　锁口管施工实况

2. 吊装顶升机就位

顶升机顶升前，检查油泵等是否能正常工作，并应配备好备用油泵和油管。

3. 吊装锁口管入槽

要使锁口管沿槽端缓缓下放，下到槽底后，宜提升一定高度下蹲两下，然后用顶升机夹紧，并把导墙与锁口管之间的间隙堵严，以防漏浆。

3.3.5 水下混凝土浇筑

地下连续墙混凝土浇筑参见图 3-28。

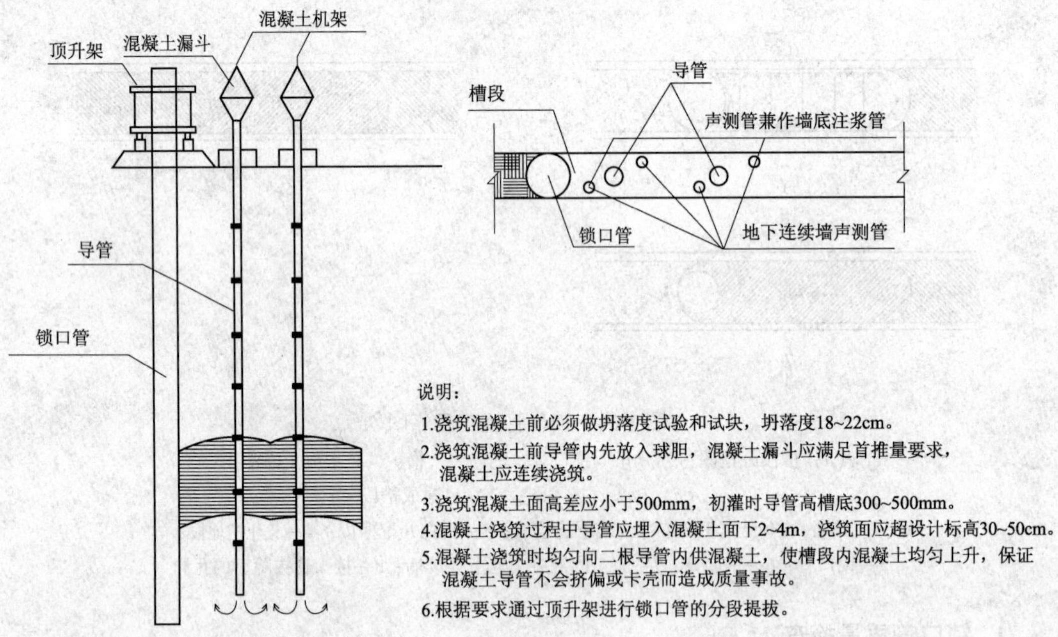

图 3-28 地下连续墙混凝土浇筑示意图

1. 混凝土配合比

本工程地下连续墙混凝土设计强度等级 C30，设计抗渗等级 S8，防水混凝土施工的配合比应通过试验确定。

2. 灌注准备

（1）下放钢筋笼和导管前必须清刷混凝土接头，用挖槽机抓斗清槽底沉渣。刷接头设备应能够把接头刷干净，不含泥。

（2）灌注平台就位、调平，对中钢筋笼导管通道。下直径 250 ~ 280mm 的导管，保证导管密封性能，导管下口与槽底距离一般不大于 500mm。

（3）混凝土坍落度经检查合格，灌注前在导管内泥浆液面处安放隔水球胆。

（4）应在钢筋笼固定后，4h 内灌注混凝土，否则应进行泥浆循环清槽替浆。

（5）浇筑混凝土前，要测定槽内泥浆相对密度、含砂量及槽底沉渣厚度，若相对密度大于 1.20 或槽底沉渣厚度大于 100mm，则要采取置换泥浆清孔。其方法见前述清底换浆。

3. 混凝土灌注

（1）根据槽段长度采用两根导管同时灌注，两导管之间距不大于 3m，导管距槽端部不大于1.5m。

（2）连续墙灌注混凝土保证混凝土面上口平，要求一个槽段上的两个导管开始时同时灌注，两个混凝土车（每车不少于6m³ 混凝土）对准导管漏斗同时放灰，保证混凝土同时下落，混凝土面层同时上升。

（3）首灌量的确定：

$$V = V_0 + V_1 \tag{3-12}$$

式中　V——首灌量；

V_0——管外混凝土堆高量；

V_1——管内混凝土贮量。

其中：

$$V_0 = 2 \times \frac{1}{2} RhB \tag{3-13}$$

式中　R——导管作用半径，m；

h——混凝土堆高，m；

B——槽孔宽度，m。

$$V_1 = h_1 \frac{\pi d^2}{4} + H_c A \tag{3-14}$$

$$h_1 = H_w \frac{\gamma_w}{\gamma_c}$$

式中　d——导管直径，m；

H_c——首批混凝土浇筑深度，m；

h_1——导管内混凝土柱高度，m；

H_w——混凝土顶面距导墙顶面高差，m；

γ_w——槽内泥浆重度；

γ_c——混凝土重度。

根据导管下口埋入混凝土深度不小于1.5m来确定，混凝土不少于12m³ 基本能满足首灌量的要求。设专人经常测定混凝土面高度，并记录混凝土灌注量（因混凝土上升面一般都不水平，应在三个以上位置量测）。其目的是以此来确定拔管长度，埋管深不得少于1.5m，一般控制在2～4m为宜，导管埋深最大不超过6m。

（4）为保证混凝土在导管内的流动性，防止出现混凝土夹泥现象，水下混凝土必须连续灌注，不得中断，混凝土面上升速度不小于2m/h。双导管同时灌注，两侧混凝土面均匀上升，高差不得大于500mm。灌注全槽时间不得超过混凝土初凝时间。

（5）混凝土初凝前30min，用顶升机上提并活动锁口管，缓缓提升100mm，之后每隔0.5h活动一次，4～5h后方可拔出锁口管。

（6）地下连续墙顶部浮浆层控制采取以下措施：

1）根据实际槽深计算混凝土方量；

2）用测绳量测混凝土面深度；

3）到上部时，可用钢筋标出尺寸，向下探测混凝土面层；

4）为保证设计墙顶处混凝土强度满足要求，通常混凝土最后浇筑高程要高出设计高程0.3～0.5m，待开挖后将上部浮浆凿去。

3.3.6 起拔锁口管

在锁口管外混凝土能够自立不塌时，即可用拔管机将锁口管拔除，形成半圆接头，一般按第一斗混凝土注入4～5h后开始转动锁口管，浇筑完毕后5～6h进行试拔，当未出现其他情况时，即可全部拔除，具体起拔时间通过现场对混凝土的初凝时间测试而定。

（1）对于槽段为柔性接头的地下墙，常采用圆形接头管形式，其他接头形式也各有相应的接头箱。由于地下连续墙槽段有超深趋势，这就要防止锁口管拔断或拔不出的事故发生。

（2）槽段端部要垂直，锁口管放至槽底（或接头箱），应防止混凝土由管下浇至对侧，或涌入管内可考虑锁口管底部焊一钢片，以防止混凝土涌入。

（3）锁口管事前要经过清洗并经过检查，拼接后要垂直，防止挠曲变形，以免在浇筑混凝土后，产生拔出困难或无法拔出的现象。

（4）采用普通硅酸盐水泥拌制的混凝土，浇筑3.5～4h后，应用顶升架启动锁口管，以后每15～20min，使锁口管启动一次。这样，使锁口管一直处于松动的状态。至混凝土浇筑完后6～8h，锁口管应全部拔出。上述时间要求，应根据不同地区、不同水泥品种、不同气候条件，在现场进行测试，以求得更为准确的时间控制。

3.4 地下连续墙施工质量控制

采用性能优越的导杆式液压抓斗成槽的连续墙，不但施工速度快，而且能自动纠正垂直偏差，能保证成槽槽段的垂直度，施工质量高。为确保地下连续墙施工质量，在导墙、挖槽、灌注、钢筋笼吊运等作业应采取相应的质量保证措施。

3.4.1 连续墙施工质量保证

（1）导墙拆模后，应加上两道横撑，导墙混凝土养护期间，严禁重型机械在导墙附近行走、停止或作业。

（2）终槽深度必须保证设计深度，同一槽段内槽底开挖深度一致，并保持平整，遇特殊情况应会同设计单位研究处理。

（3）槽段开挖完毕后，应检查槽段位置、深度、垂直度，合格后方可清槽换浆，槽壁垂直偏差应小于0.5%，清槽后应保证槽底沉渣厚度不大于20cm，槽底以上0.2～1.0m处泥浆比重应小于1.3，含砂率不大于8%，黏度不大于28Pa·s。

（4）钢筋网规格、尺寸、搭接长度和焊接质量应符合设计要求及有关规范。

（5）钢筋笼应在清槽合格后立即吊装，在运输和入槽过程中，不得产生不可恢复的变形，如有变形，则不能入槽。吊装后验收合格后，应及时浇筑混凝土，间歇时间不能超过4h，灌注前应复测沉渣厚度。

（6）钢筋笼制作和入槽的安置标高应符合设计要求。

（7）地下连续墙施工允许偏差和质量要求应符合下列规定：槽底沉渣厚度非承重墙≤30cm，墙身垂直度±0.5%，墙顶中心线偏差≤30mm，裸露墙面大致平整，表面无渗漏。孔洞、露筋、蜂窝面积不超过单元槽段裸露面积5%。接缝处仅有少量夹泥，无漏水现象。

3.4.2　混凝土灌注质量控制

（1）导管拼装问题

导管在混凝土浇筑前先在地面上每 4 ~ 5 节拼装好，用吊机直接吊入槽中混凝土导管口，再将导管连接起来，这样有利于提高施工速度。

（2）导管拆卸的问题

导管的拆卸问题是一个老问题，在倒混凝土的时候，要根据计算逐步拆卸导管，但由于有些导管拆不下来或需要很多的时间拆卸，严重地影响了混凝土的灌注工作，因为连续性是顺利灌注混凝土的关键。其实这个问题并不难解决，只要每次混凝土灌注完毕把每节导管拆卸一遍，螺丝口涂黄油润滑就可以了。还应注意在使用导管的时候，一定要小心，防止导管碰撞变形，难以拆卸。

（3）堵管的问题

由于混凝土的质量问题，发生过几次导管堵塞的问题，经与拌站联系过后没有再发生过。导管堵塞后，要把导管整体拔出来，对斗上的钢丝绳来说是一个考验，整体提高二十几米是非常危险的，万一钢丝绳断掉就会造成不可估量的损失。因此拔出时应该换用直径大的钢丝绳。导管的整体拔出会因为拔空而造成淤泥夹层的事故，而且管内的混凝土在泥浆液面上倒入泥浆，会严重污染泥浆。

（4）在钢筋笼安置完毕后，应马上下导管

马上下导管是一个工序衔接的问题，这样做可以减少空槽的时间，防止塌方的产生。

（5）槽底淤积物对墙体质量的影响

1）淤积物的形成

清底不彻底，大量泥渣仍然存在；清底验收后仍有砂砾、黏土悬浮在槽孔泥浆中，随着槽孔停置时间加长，粗颗粒悬浮物在重力的作用下沉积到槽孔底部；槽孔壁塌方，形成大量槽底淤积物。

2）淤积物对墙体质量的影响

槽孔底部淤积物是墙体夹泥的主要来源。混凝土开浇时向下冲击力大，混凝土将导管下的淤积物冲起，一部分悬浮于泥浆中，一部分与混凝土掺混，处于导管附近的淤积物易被混凝土推挤至远离导管的端部。当淤积层厚度大或粒径大时，仍有部分留在原地。悬浮于泥浆中淤积物，随着时间的延长，又沉淀下来落在混凝土面上。一般情况下，这层淤泥比底部的淤积物细，内摩擦角小，比处于塑性流动状态下的混凝土有更大的流动性，只要槽孔混凝土面稍有倾斜，就会促使淤泥流动，沿着斜坡流到低洼处聚集起来，当槽孔混凝土面发生变化或呈覆盖状流动时，这些淤泥最易被包裹在混凝土中，形成窝泥。被混凝土推挤至槽底两端的淤积物，一部分随混凝土沿接缝向上爬升，甚至一直爬到槽孔顶部。当混凝土挤压力小时，还会在接缝处滞留下来形成接头夹泥。当多根导管同时浇筑时，导管间混凝土分界面也可能夹泥，这些夹泥大多来自槽底淤积物。

混凝土开始浇筑时，先在导管内放置隔水球以便混凝土浇筑时能将管内泥浆从管底排出。混凝土浇灌采用将混凝土车直接浇筑的方法，初灌时保证每根导管混凝土浇捣有 $6m^3$ 混凝土的备用量。

混凝土浇筑中要保持混凝土连续均匀下料，混凝土面上升速度控制在 4 ~ 5m/h，导管下口在混凝土内埋置深度控制在1.5~6.0m，在浇筑过程中严防将导管口提出混凝土面，导管下口暴露在泥浆内，造成泥浆涌入导管。主要通过测量掌握混凝土面上升情况、浇筑量和导管埋入深度。当混凝土浇捣到地下连续墙顶部附近时，导管内混凝土不易流出，一方面要降低浇筑速度，另一方面可将导管的最小埋入深度减为1m左右，若混凝土还浇捣不下去，可将导管上下抽动，但上下抽动范围不得超过30cm。

在浇筑过程中，导管不能做横向运动以防沉渣和泥浆混入混凝土中。同时不能使混凝土溢出料斗流入导沟。对采用两根导管的地下连续墙，混凝土浇筑应两根导管轮流浇灌，确保混凝土面均匀上升，混凝土面高差小于50cm。以防止因混凝土面高差过大而产生夹层现象。

（6）混凝土面标高问题

灌注混凝土时，一定要把混凝土面灌注到规定位置。因为表层混凝土的质量由于和泥浆的接触是得不到保证的，做圈梁的时候把表层的混凝土敲掉正是这个原因。

（7）泥浆对墙体的影响

性能指标合格的泥浆有效防止塌方，减少了槽底淤积物的形成；有很好的携渣能力，减少和延迟了混凝土面淤积物的形成；减少了对混凝土流动的阻力，大大减少了夹泥现象。有人用1:10的模型用直导管法在不同比重的膨润土泥浆下浇筑混凝土，当泥浆比重为10.3~10.45kN/m^3时，墙间混凝土交界面无夹泥，与一期槽混凝土接头处夹泥仅0~0.7mm；当泥浆含砂量增加，容重增加至10.6~10.8kN/m^3时，接缝处夹泥显著增加至2~3mm，底部拐角及腰部窝泥厚达2~5mm；使用12.3kN/m^3，黏度为18s，夹泥相当严重。由此可见，在有效护壁的前提下，泥浆比重小，夹泥和窝泥少，而泥浆比重大时，夹泥严重。

（8）施工工艺对墙体质量的影响

1）导管间距

根据统计数据表明，不同间距导管浇筑的墙段，在导管在间距3m时，断面夹泥很少，3~3.5m略有增加，大于3.5m夹泥面积大大增加，因此导管间距不宜太大。

2）导管埋深

导管埋深影响混凝土的流动状态。埋深太小，混凝土呈覆盖式流动，容易将混凝土表面的浮泥卷入混凝土内；导管埋深太深时，导管内外压力差小，混凝土流动不畅，当内外压力差平衡时，则混凝土无法进入槽内。

3）导管高差

不同时拔管造成导管底口高差较大，当埋深较浅的进料时，混凝土影响的范围小，只将本导管附近的混凝土挤压上升。与相邻导管浇筑的混凝土面高差大，混凝土表面的浮泥流到低洼处聚集，很容易被卷入混凝土内。

4）浇筑速度

浇灌速度太快，使混凝土表面呈锯齿状，泥浆和浮泥会进入到裂缝重严重影响混凝土质量。

（9）混凝土灌注与拔锁口管的关系

1）混凝土的凝固情况是我们一定要注意的，因此在第一车混凝土到现场以后，现场取混凝土试块，放置于施工现场，用以判断混凝土的凝固情况，并根据混凝土的实际情况决定锁口管的松动和拔出时间。

2）锁口管提拔一般在混凝土浇灌4h后开始松动，并确定混凝土试块已初凝，开始松动时向上提升15～30cm，以后每20min松动一次，每次提升15～30cm，如松动时顶升压力超过100t，则可相应增加提升高度，缩小松动时间。实际操作中应该保证松动的时间，防止混凝土把锁口管固结。由于锁口管比较新，一般情况下用100t吊车就可以把锁口管拔起来。

3）锁口管拔出前，先计算剩在槽中的锁口管底部位置，并结合混凝土浇灌记录和现场试块情况，在确定底部混凝土已达到终凝后才能拔出。最后一节锁口管拔出前先用钢筋插试墙体顶部混凝土有硬感后才能拔出。

因此，在混凝土灌注时应从如下几方面严格要求：

1）混凝土质量符合设计及施工规范，选择合适的配合比，保证混凝土连续浇灌。

2）导管连接必须牢固，确保密封，严禁漏水；使用前经过闭水试验检查合格后方可使用。

3）混凝土中水泥含量不得小于360kg/m^3。坍落度控制在180～220mm，防止堵管现象发生，粗骨料使用连续级配，最大粒径不超过40mm、砂率40%～50%、2h内析出的水分不大于混凝土体积的1.5%、混凝土的初凝时间不得低于6h。混凝土应加外加剂。

4）下入导管时，应准确测量，确保总长度和导管底部距槽底的要求距离（一般为300～500mm），并做好记录。在槽段开挖到设计标高时，测定槽底残留沉渣厚度，沉渣过多时，做进一步的清底工作。

5）在灌注过程中，专业技术人员必须旁站监督，要有专人测量孔内混凝土面高度，拔管时必须测量孔内混凝土面高度，并做好记录，以确保导管埋深，保证桩身质量。单桩混凝土的浇灌要连续，若遇两次浇灌，时间间隔要尽量缩短。

3.4.3 槽段防塌方技术措施

地下连续墙挖槽过程中的槽壁稳定性，在泥浆护壁条件下，已完成的实例很多，最大挖槽深度已超过50m，都取得成功。因此在一般条件下，可不进行槽壁的稳定性验算。在槽段过长过深，贴近现有建筑物，地面和地层变化大，地下水变动频繁并有承压水的情况下需要进行槽壁的稳定性验算时，可按下列方法进行：

（1）考虑土拱效应的槽壁稳定计算

假定槽壁失稳时，坍塌体的形状为地面倾斜的半圆筒状。按下列计算步骤求出坍塌体处于极限平衡状态所需的泥浆比重，若计算泥浆的比重大于1.05时则槽壁不稳定。反之，则槽壁稳定。

计算步骤：

1）先求出$\alpha_0=\arctan(2h/l)$。

2）在$(45-0.5\varphi)\leqslant\alpha\leqslant\alpha_0$的范围内，假定$n$个$\alpha$值（可取$\alpha$略小于$\alpha_0$），按下式分别计算$r_f$。

$$\tan(\alpha-\varphi)[1/8r'l^2(\pi h-2/3l\tan\alpha)+\pi/8l^2h_w+P-1/2c_1l(\pi h-l\tan\alpha)-\pi/8c_2l^2(\tan\alpha+1/\tan(\alpha-\varphi))]=1/2[(r_f-1)h^2+2hh_w{}^2-h_w{}^2] \quad (3\text{-}15)$$

3）求出r_{fmax}及其对应的α值。

4）$r_{fmax}<1.05$时，槽壁稳定。反之，槽壁不稳定，需要采取措施。

式中 α——底斜面与水平平面的夹角，°；

φ——槽底面以上各土层的内摩擦角的加权平均值，一般取固结快剪峰值，°；

r——土的天然重度，kN/m^3，地下水位以上取天然重度，地下水位以下取浮重度；

l——槽段的长度，m；

h——槽段深度，m；

h_w——地下水位在地表以下的深度，m；

P——塌落体范围内的外荷合力，kN；

c_1、c_2——分别为塌落体垂直面上和底斜面上各土层的黏聚力（kPa）的加权平均值，一般取固结快剪峰值；

r_f——泥浆的比重。

（2）附近已有建筑物和地面荷载的影响

根据 G. G. Meyehof 提出的计算公式再考虑附近已有建筑物和地面荷载影响后，其开槽抗塌落安全系数 K 为：

$$K = N_c / [K_0(\gamma' H + q) - \gamma_1' H] > 1 \tag{3-16}$$

其开槽壁面横向变形 Δ 为：

$$\Delta = (1 - \mu)[(K_0 \gamma' Z + q) - \gamma_1' Z] L / E_0 \leqslant 0.04(\mathrm{m}) \tag{3-17}$$

式中　$N = \varphi(1 + B/L)$；

c——黏聚力。对黏性土取 $c_1 = c_2 = c$（黏性土不排水抗剪强度，近似取黏聚力），kPa；

L、B、H——挖槽的长、宽、深，m。

K_0——近似取 0.5；

q——地面影响或构筑物的均布荷载，kPa；

γ'、γ_1'——土和泥浆的浮重度，kN/m^3；

μ——土的泊松比，近似取 0.3～0.5；

Z——计算深度，m；

E_0——土的压缩模量，kPa。

（3）砂土地层的槽壁稳定性

对于槽 $c = 0$ 的无黏性土，槽壁安全系数 K 为：

$$K = 2(\gamma \cdot \gamma_1)^{1/2} \tan\varphi_d / (\gamma - \gamma_1); \tag{3-18}$$

式中　γ，γ_1——砂土和泥浆的重度，kN/m^3；

φ_d——砂土内摩擦角，°；

（4）槽壁稳定性措施

保证连续墙的槽壁稳定性，防止槽壁坍塌是地下连续墙施工中的重要环节。保证连续墙槽壁稳定性的措施通常可有以下几种：

1）在允许范围内提高泥浆的比重和黏度：护壁泥浆的比重可在 1.05～1.25 的范围内，通常情况下为 1.05～1.10。随着挖槽深度的增加泥浆的比重也会增大。对泥浆比重的控制原则为：在满足槽壁稳定的前提下，泥浆比重越小越好，这样既可节约成本，降低造价，又可在使用反循环出渣时提高泥浆的携土能力。当地下连续墙成槽要穿越有承压水的土层时，必须提高泥浆比重以满足稳定性要求，需要时可在泥浆中掺入重晶石粉。

2）控制地下连续墙槽段的长度：在设备能力允许并保证槽壁稳定的前提下，地下连续墙以较大的槽段长度，这样可以减少接缝，加快施工速度，获得较好的技术经济效益。但当地质条件较差时，如软土地基，不宜将槽段定得太长，以免影响槽壁的稳定。对于高地下水位的粉细砂地层及其他易发生泥浆漏失造成塌孔的地区，一般还要限制单元槽段的长度，可缩减为3~4m。

3）钢筋笼沉入就位，必须准确自如顺畅地下落，不得强行入槽

槽壁失稳后的补救措施：由于人工回灌、地下注浆、临近打桩等引起地下静水压的作用及地层中泥浆漏失等原因导致的槽壁失稳塌落，当危及槽段安全时应果断采取措施及时用黏土回填并重新成槽，严禁使用水泥充填，采用水泥充填只解决暂时的泥浆漏失，由于水泥硬化固结和污染泥浆会继续给成槽留下隐患并带来困难。

4）槽段防塌开挖是地下连续墙施工的中心环节，也是保证工程质量的关键工序，施工中应做到槽段不坍塌，保持槽壁稳定。主要措施有：

① 根据地质情况决定槽段长度，槽段不宜过长（本工程设计槽段为6m）；

② 合理设计槽段形式

③ 槽段开挖结束到混凝土浇筑的时间间隔越小越好，要求不超过8h；

④ 采取合理的成槽工艺；

⑤ 严格控制泥浆的物理力学指标，检查泥浆指标，确保泥浆护壁作用；

⑥ 控制地下水对保持槽壁稳定具有十分重要的意义，可以采取降水的方法减少地下水对槽壁的渗入压力，对于土质很差的槽段，可以用注浆、水泥土搅拌等方法进行事先处理；

⑦ 减小槽边荷载，特别是大型机械，可以通过路基和厚钢板等来扩散压力，以减小对槽壁引起的侧压力；

⑧ 吊放钢筋网片前先调整好，确保网片垂直吊入槽内，防止剐蹭槽壁；

⑨ 钢筋网片产生较大浮力，尤其是偏心浮力时，钢筋网片入槽容易造成槽壁破坏，考虑在钢筋笼上焊接相应的配重来解决。

3.4.4　泥浆使用及质量控制

泥浆是地下连续墙施工中深槽槽壁稳定的关键，必须根据地质、水文资料，采用膨润土、CMC、纯碱等原料，按一定比例配制而成。在地下连续墙成槽中，依靠槽壁内充满触变泥浆，并使泥浆液面保持高出地下水位0.5~1.0m。泥浆液柱压力作用在开挖槽段土壁上，除平衡土压力、水压力外，由于泥浆在槽壁内的压差作用，部分水渗入土层，从而在槽壁表面形成一层固体颗粒状的胶结物——泥皮。性能良好的泥浆失水量少，泥皮薄而密，具有较高的粘结力，这对于维护槽壁稳定，防止塌方起到很大的作用。

泥浆制作过程中应该注意以下几个问题：

（1）要按泥浆的使用状态及时进行泥浆指标的检验。

新拌制的泥浆不控制就不知拌制的泥浆能否满足成槽的要求；储存泥浆池的泥浆不检验，可能影响槽壁的稳定；沟槽内的泥浆不按挖槽过程中和挖槽完成后泥浆静止时间长短分别进行质量控制，会形成泥皮薄弱且抗渗性能差；挖槽过程中正在循环使用的泥浆不及时测定试验，泥浆质量恶化程度不清，不及时改善泥浆性能，槽壁挖掘进度和槽壁稳定性

难以保证；浇筑混凝土置换出来的泥浆不进行全部质量控制试验，就无法判别泥浆应舍弃还是处理后重复使用。

（2）成本控制

泥浆制作主要用三种原材料，膨润土、CMC、纯碱。其中膨润土最廉价，纯碱和CMC则非常昂贵。如何在保证质量的情况下节约成本，就成为一个关键问题。

要解决这个问题就要在条件允许的情况下，尽可能地多用膨润土。合格的泥浆有一定的指标要求，主要有黏度、pH值、含沙量、比重、泥皮厚度、失水量等。要达到指标的要求有很多种配置方法，但要找到最经济的配置方法是需要多次试验的。

（3）泥浆制作与工程整体的衔接问题

泥浆制作工艺要求，新配制的泥浆应该在池中放置一天充分发酵后才可投入使用。旧泥浆也应该在成槽之前进行回收处理和利用。当工程进行得非常紧张的时候，一天一幅的进度对泥浆制作是一个严峻的考验。

有时自来水压力小，要拌制一个搅拌池的泥浆（$5m^3$）至少需要30min，当需要拌制新浆的时候，时间就变得非常紧张。解决的方法一个是连夜施工，在泥浆回笼完成的时候马上开始拌制新浆或进行泥浆处理。另外准备一个清水箱，在不拌制新浆的时候用于灌满清水，里面放置一个大功率水泵，拌浆时使用箱内清水，同时水管连续向箱内供水，就可以最大限度的利用水流量，加快供水速度，节约拌浆的时间。

（4）泥浆制作具体方量的确定

泥浆制作需要一定的方量，到底多少方量才是合适的呢。方量的确定在理论书籍上有许多复杂的公式。一般情况，以拌制理论方量的1.5倍比较合适。在已经施工的36幅墙的过程中，基本上是合适的。但也出现过特殊情况，例如沈阳项目在成槽过程中发生过明显的泥浆渗漏情况，幸亏发现及时，马上拌制新浆，由于渗漏速度不是很快，最终没有影响工程的进行，此幅实际用浆量是平时的2倍。

3.4.5 槽段划分与放样

成槽放样宽度一般按：

成槽宽度 = 墙体理论宽度 + 锁口管直径 + 外放尺寸（先行幅）

成槽宽度 = 墙体理论宽度 + 锁口管直径/2 + 外放尺寸（连接幅）

第一幅时可以把外放尺寸定为10cm，实际情况看来，这个尺寸是偏小的。在成槽完毕的时候，碰到了钢筋笼下放困难的问题，实际上成槽不能保证垂直度，在底部的时候发生倾斜，解决方法是：

（1）加强抓槽操作手的垂直度控制意识，发现偏差及时纠偏。

（2）勤量测，确保垂直度。

3.4.6 施工接头的缺陷和处理

1. 常见缺陷

各种施工接头，尽管构造上有差异，施工方法各不相同，但是质量的好坏完全在于施工技术是否得当。

地下连续墙的施工过程大部分都在泥浆中进行，质量是好是坏都得等到基坑开挖之后或者是水库蓄水后才能得出结论。这是地下连续墙施工最独特的地方。虽然地下连续墙的施工接头并非影响连续墙成败的唯一因素，却是最脆弱的一节，也是最容易发生事故所在。不可否认，地下连续墙工法的特殊施工环境有其先天的不足，若在施工中出现偏差，必然造成种种的缺陷。

（1）圆接头管的常见缺陷

1）在浇筑混凝土过程中，混凝土顶面上的淤积物，随着混凝土面上升而可能被挤向接头管的死角处，被混凝土包夹在孔壁上，形成厚薄不一的淤泥夹层，有可能沿此缝产生渗流现象。

如果黏泥（淤积物）附着在一期槽（先做槽）的孔壁表面，而清孔时又未彻底清除，则夹泥就会被包裹在施工接缝上。这种缺陷可能会造成严重后果。

如果上述情况发生在接缝的某一部位，则形成局部窝泥现象。

2）在夹有砂砾层的地层中施工时，槽孔可能在此部位产生坍塌而加深了槽宽。插入接头以后，此处尚有空隙。浇筑混凝土时，就会绕过接头而流到外面去。待接头管拔出之后，就形成一个空头混凝土环。外面半圆环的多余混凝土可能会给后面槽孔施工带来不可弥补的缺憾（挖不动）。

（2）隔板式接头常见缺陷

清孔时，中建隔板上的淤泥容易被清除掉，但水平钢筋或位于保护层部位的隔板上的淤泥却不易刮除掉。这些未经清除或清除未净的黏泥，在浇筑混凝土过程中，很容易被包裹于夹缝处，轻微者形成局部窝泥，严重者则窝泥贯穿墙体，形成贯通的渗漏通道，带走这些窝泥和周围地基中泥砂。

2. 缺陷的处理

要得到一个质量优良的地下连续墙，必须做好地下连续墙施工的每一个环节，特别是槽段之间的接头好坏直接影响整个地下连续墙的质量。

（1）圆接头管缺陷的处理

1）在混凝土浇筑前，用特制的钢丝刷，认真刷洗接缝上的淤积物。

2）对可能发生混凝土绕过接头管、形成空心混凝土环缺陷时，可在起始槽段和闭合槽段相连接的那个接头孔内重新造孔。

（2）接头漏水的处理

根据渗漏水的不同程度，可以采用高压注浆或高压旋喷注浆、低压固结注浆或遇水膨胀型堵漏材料进行封堵。

3.4.7　成槽质量控制

1. 成槽施工

成槽主要有以下几个问题：

（1）成槽机操作

成槽施工是地下连续墙施工的第一步，也是地下连续墙施工质量是否完好的关键一步，成槽的技术指标要求主要是前后偏差、左右偏差。由于前后偏差由仪器控制，前后偏差在施工过程中出现问题的次数是较少的；左右偏差由于原有的控制仪器损坏，至今未修复，因此主要由司机的经验和目测来控制。左右偏差的问题是我们地下连续墙施工过程中的一个顽症，发生的概率非常高。在一次抽检时，槽顶与槽底的偏差竟然有60cm之多，这么大的偏差肉眼很容易就可以观察到。我认为首先是技术交底工作没有做好，其次是成槽司机的态度不是很严肃，希望在以后的施工过程中可以杜绝这种现象。

（2）泥浆液面控制

成槽的施工工序中，泥浆液面控制是非常重要的一环。只有保证泥浆液面的高度高于地下水位的高度，并且不低于导墙以下50cm时才能够保证槽壁不塌方。泥浆液面控制包括两个方面：

首先是成槽工程中的液面控制，这一点做起来应该并不难。但是一旦发生，就会对我们的槽壁质量形成了很大的影响，塌方在所难免。产生的原因主要是指导工麻痹大意，民工不知道如何操作。我认为对民工的交底也是一项必做的工作，民工不只是干体力活，对具体的工序也应该有一定的了解。

其次是成槽结束后到浇筑混凝土之前的这段时间的液面控制。这件工作往往受到大家的忽视，但是泥浆液面的控制是全过程的，在浇筑混凝土之前都是必须保证合乎要求的，只要有一小段时间不合要求就会功亏一篑。

（3）地下水的升降

遇到降雨等情况使地下水位急速上升，地下水又绕过导墙流入槽段使泥浆对地下水的超压力减小，极易产生塌方事故。

地下水位越高，平衡它所需用的泥浆密度也越大，槽壁失稳的可能性越大，为了解决槽壁塌方，必要时可部分或全部降低地下水，泥浆面与地下水位液面高差大，对保证槽壁的稳定起很大作用。所以另一个方法是提高泥浆液面，泥浆液面至少高出地下水位0.5～1.0m。在施工中发现漏浆跑浆要及时堵漏补浆，以保持泥浆规定的液面。第二种方法实施比较容易因此采用得比较多，但碰到恶劣的地质环境，还是第一种方法效果好。

（4）吊放钢筋笼前的清底工作

沉渣过多会造成地下连续墙的承载能力降低，墙体沉降加大沉渣影响墙体底部的截水防渗能力，成为管涌的隐患；降低混凝土的强度，严重影响接头部位的抗渗性；造成钢筋笼的上浮；沉渣过多，影响钢筋笼沉放不到位；加速泥浆变质。

（5）刷壁作业

地下连续墙一般都是顺序施工，在已施工的地下连续墙的侧面往往有许多泥土粘在上面，所以刷壁就成了必不可少的工作。刷壁要求在铁刷上没有泥才可停止，一般需要刷20次，确保接头面的新老混凝土接合紧密，可实际情况往往刷壁的次数达不到要求，这就有可能造成两幅墙之间夹有泥土，首先会产生严重的渗漏，其次对地下连续墙的整体性有很大影响。在以后的堵漏工作中就要浪费许多人力物力，经济损失不可弥补，而且这对日后的决算也会造成很大的影响。因此虽然刷壁的工作比较烦，而且它导致的恶果不是很快就能看出来，但它却对施工质量有着至关紧要的影响，一点也马虎不得。

2. 防止地下连续墙漏水的措施

单元槽段接头不良或存在冷缝，常是地下连续墙出现漏水的主要原因。一旦出现漏水，不仅影响周围地基的稳定性，而且会对开挖后的内砌施工带来困难，给主体结构带来渗入隐患，通常可以采取以下措施。

（1）选择防渗性能好的接头形式；

（2）保证槽段接头质量：槽段施工中，端部应保持垂直，并对已经完成的槽段混凝土接头处清洗干净；

（3）防止混凝土冷缝出现：灌注混凝土导管直径采用300mm，并合理布置导管位置，导管离槽段两端接头处一般不超过1.5m，两导管间距不大于3m。在混凝土浇筑过程中，导管下口插入混凝土深度控制在2～6m，不得小于1.5m，不得大于6m。浇筑时严防两导管之间的缺段，设专人测量孔内混凝土面高度，充分掌握混凝土灌注量、混凝土顶的高度、导管插入量以及上升高度。以确保导管埋深，保证桩身质量，杜绝断桩事故。

3.4.8　钢筋笼的制作与吊装安放

1. 钢筋笼的制作质量要求

（1）钢筋网片制作与吊装控制要求见表3-9。

钢筋网片制作与吊装控制要求（单位：mm）　　表3-9

序　号	检查项目	允许偏差或允许值
1	竖向主筋间距	±10
2	水平主筋间距	±20
3	钢筋笼吊入槽内中心位置	±10
4	钢筋笼吊入槽内垂直度	1/150
5	钢筋笼吊入槽内标高	±10

（2）钢筋使用之前，应检查钢筋出厂合格证和质量证明书是否齐全，检查钢筋的规格及外观（有无油污、锈迹等）是否符合有关规范要求。

（3）钢筋网片主筋采用锥螺纹连接、加劲筋采用搭接焊，电焊工必须持证（特种作业有关证件）上岗，并在规定的范围内进行焊接操作，钢筋焊接时，严格按照施工工艺标准要求施工，进行钢筋焊接前必须根据施工条件进行试焊，合格后方可施焊。

（4）钢筋工必须认真阅读钻孔灌注桩设计图纸，熟悉钢筋网片的几何尺寸、钢筋搭接长度等要求。

（5）钢筋网片加工场地宜平整，加工钢筋网片时垫方木找平，钢筋网片制作施工误差满足质量标准。钢筋网片台架的钢筋定位必须准确，台架应大于钢筋网片尺寸，且不会产生不均匀沉降。

（6）检验合格的钢筋网片要挂牌、编号，防止误用。钢筋网片的存放场地要平整，垫高堆放，存放区四周有排水措施并及时覆盖，防止生锈。

（7）在吊放钢筋网片前，应对槽段进行检测，测定单元槽段的实际深度、沉渣以及土壁表面的垂直度和平整情况，如果壁面歪斜超过允许范围，则必须修正槽段。在导墙上测设醒目的标高及地下墙的中心标志，防止钢筋网片用错、偏位。

（8）精心计算吊点位置，平整孔口场地，放好垫木、选好吊点、拴好钢筋绳。如果用两台吊车时统一指挥，协调一致。钢筋网片入槽缓慢、准确、稳妥，及时绑扎保护块，下到设计位置、校正中心后采取措施固定。

2. 钢筋笼加工质量问题及处理

钢筋笼的制作是地下连续墙施工的一个重要环节，在施工过程中，钢筋笼的制作与进度的快慢有直接影响。钢筋笼制作主要有以下几点问题：

（1）进度问题

进度是由许多因素影响的，一般碰到的问题主要有：

1）施工时场地条件不允许设置两个钢筋制作平台。钢筋笼制作速度决定了施工进度，要保证一天一幅的施工进度，一定要两个施工平台交替作业。

2）施工时进入梅雨天气，下雨天数多。电焊工属于危险工种，尤其不能在雨天施工，在安全和文明施工的要求下雨天停止施工。我认为解决方法是用脚手架和彩钢板分段搭设小棚子，下设滚轮，拼接起来，雨天遮雨，平时遮阳。待钢筋笼需要起吊时推开或吊车吊离。

（2）焊接质量问题

焊接质量问题是钢筋笼制作过程里一个比较突出的问题。主要有：

1）碰焊接头错位、弯曲

错位主要是由于碰焊工工作量大，注意力不集中引起的质量问题，经过提醒并且不定期的抽样检查，碰焊质量有明显提高。民工队伍里需要有掌握碰焊技术的人员。弯曲是因为碰焊完成后，接头部分还处于高温软弱状态，强度不够，民工在搬运钢筋到堆放地时，造成钢筋在接头处受力弯曲变形，在堆放后又没有处理过，冷却后强度恢复很难处理。对民工技术交底过后情况有所好转，在以后的工作里应该紧盯这个问题。

2）钢筋笼焊接时的咬肉问题

这个问题的产生主要是因为民工队伍技术水平不到位，许多是生手，其次是因为由于电焊工数量不够，由一班人长期加班加点，疲劳过度引起的质量问题。如果更换生手并且配足电焊工的话，问题就会得到彻底解决。

3. 钢筋笼起吊和下钢筋笼

（1）钢筋笼偏移

由于上一幅施工时锁口管后面的空当回填不密实造成的漏浆问题会产生一系列的不良后果。成槽时由于混凝土已凝固，会损坏成槽机的牙齿，下钢筋笼时也会对钢筋笼产生影响。

当钢筋笼碰到混凝土块时，会发生倾斜，使钢筋笼左右标高不一致，影响接驳器的准确安放。同时由于漏浆的影响，会使钢筋笼发生侧移，扩大本幅墙的宽度，占用下一幅墙的墙宽。

（2）民工上钢筋笼的安全问题

钢筋笼起吊时一定要注意安全，整个钢筋笼竖起来后足有30m高，经常发生焊工遗留的碎钢筋、焊条高空下落问题，因此在整个起吊过程中无关人员一定要远离钢筋笼，防止意外事件的发生。由于施工的要求，必须要爬上钢筋笼进行施工操作，危险性比较高，因此一定要注意安全，爬笼子之前对民工进行安全教育，安全帽帽扣要扣好，到达高度后第一步就是要系好安全带。

（3）钢筋笼下不去

除少数是槽体垂直度不合要求外，大部分情况是由于漏浆的原因导致钢筋笼下不去，因此漏浆的问题必须要解决。回填土不密实是导致漏浆的主要原因。

（4）钢筋笼的吊放

钢筋笼的吊放过程中，发生钢筋笼变形，笼在空中摇摆，吊点中心与槽段中心不重合。就会造成吊臂摆动，使笼在插入槽内碰撞槽壁发生坍塌，吊点中心与槽段中心偏差大，钢筋笼不能顺利沉放到槽底等。吊点问题至关重要，一旦吊点发生问题，就有可能造成钢筋笼变形等不可弥补的损失，因此一定要经过项目部人员的仔细研究推敲，以确保钢筋笼起吊的绝对安全。插入钢筋笼时，使钢筋笼的中心线对准槽段的纵向轴线，徐徐下放。

3.4.9　预埋件定位质量控制

（1）钢筋笼加工时预埋件安装质量控制

此阶段重点控制钢筋笼平整、焊接质量和尺寸。

地连墙钢筋笼长度一般都较大，且常采用整体加工及吊装，因此为保证钢筋笼加工质量，主要采取如下措施：

1）加工平台基面浇筑素混凝土，为加工创造良好的条件，其加工平台基面平整，高差 <2cm。见图3-29 钢筋加工平台。

图3-29　钢筋加工平台

2）在加工平台上安装与最大单元槽段钢筋笼长宽规格相同的［10 槽钢，槽钢四角成90°，成矩形布设，并在制作平台的四周边框上按钢筋纵横间距尺寸焊定位筋，平台加工完成后用水准仪进行标高抄测，对误差较大的进行微调，平台制作成型后在地面上放钢筋笼控制线，保证钢筋笼加工控制线与地面控制线一致。见图3-30 钢筋加工现场场景图。

3）加强书面技术交底，技术人员现场指导工人绑扎、焊接预埋件（参见图3-31）并由质检员进行质量把关。在加工过程中做到自检、互检、交接检“三检制”，责任明确，保证钢筋数量、位置、尺寸及焊接质量。

4）钢筋笼成型后在笼顶按设计尺寸焊接轴线及标高控制钢筋位置。

5）加工钢筋笼时首先确定桁架具体位置，固定架立桁架后进行开挖面主筋布设，但不焊接牢固，待预埋件按轴线及标高位置安装固定后再对主筋及水平筋进行焊接。

（2）钢筋笼下放位置的准确控制

预埋件的准确定位，还与下放钢筋网片有着重大的关系。

图 3-30　钢筋加工现场场景

图 3-31　预埋件在钢筋笼上安装固定

1）钢筋笼吊装（见图 3-32）

① 钢筋网片采取整体一次吊装方式（150t + 50t）。

② 吊点设计以正负弯矩相等为原则，本工程采用八点起吊。

③ 保证钢筋笼插入接头内部的尺寸足够，以保证接口刚度。

④ 每天有专人对吊具、吊绳进行安全检查。

⑤ 钢筋笼下槽过程中，专人对轴线及标高进行控制。

⑥ 下放钢筋笼的时间尽可能短。

图 3-32　钢筋笼整体起吊场景

2）安放定位（见图 3-33）

图 3-33　钢筋笼下放时上下左右定位

钢筋笼下放，在垂直方向上的定位。由测量人员在下放每一片钢筋网片时，使用水准仪现场指导吊车司机吊放，保证钢筋网片的第1道水平筋的标高控制在相对标高的设计位置。

水平位置的定位。一般在开挖槽段的导墙上用红色油漆做好预埋件的中心位置，在钢筋网片一放过程中经常地与红线位置进行校对，发现偏差及时进行左右移动调整，快要下放至设计深度时，沿地下连续墙轴线方向微调钢筋网片，使单元槽段内的结构预埋件等也同时到达设计位置。

3.4.10 地下连续墙施工常见事故与处理

地下连续墙的施工主要分为以下几个部分：导墙施工、钢筋笼制作、泥浆制作、成槽放样、成槽、下锁口管、钢筋笼吊放和下钢筋笼、下拔混凝土导管浇筑混凝土、拔锁口管。

1. 导墙破坏

导墙是地下连续墙施工的第一步，它的作用是挡土墙，建造地下连续墙施工测量的基准、储存泥浆，它对挖槽起重大作用。根据我们使用的情况看来主要有以下几个问题。

(1) 导墙变形导致钢筋笼不能顺利下放

出现这种情况的主要原因是导墙施工完毕后没有加纵向支撑，导墙侧向稳定不足发生导墙变形。解决这个问题的措施是导墙拆模后，在导墙内侧设置有适当强度和间距的支撑，沿导墙纵向每隔1m设2道木支撑，将2片导墙支撑起来，导墙混凝土没有达到设计强度以前，禁止导墙上的荷载过大、过于集中，如禁止重型机械在导墙侧面行驶，防止导墙受压变形。

如导墙已变形，解决方法是用锁口管强行插入，撑开足够空间下放钢筋笼。

(2) 导墙的内墙面与地下连续墙的轴线不平行

这个问题在我们的施工过程中曾经碰到过，超声波测试结果显示，由于导墙本身的不垂直，造成整幅墙的垂直度不理想。

导墙的内墙面与地下连续墙的轴线不平行会造成建好的地下连续墙不符合设计要求。解决的措施主要是导墙中心线与地下连续墙轴线应重合，内外导墙面的净距应等于地下连续墙的设计宽度加50mm，净距误差小于5mm，导墙内外墙面垂直。以此偏差进行控制，可以确保偏差符合设计要求。

(3) 导墙开挖深度范围内均为回填土，塌方后造成导墙背侧空洞，混凝土方量增多。

解决方法：首先是用小型挖基开挖导墙，使回填的土方量减少，其次是导墙背后填一些素土而不用杂填土。如导墙已发生严重破坏，则应将其拆除并用优质土回填，重新建造导墙。回填土中可掺水泥以提高强度。

2. 槽壁塌方

地下连续墙施工过程中，也常见槽壁塌方现象。引起槽壁塌方的原因很多，处理方法也各异。其中常见的塌方及处理方法有：

(1) 泥浆比重、黏度不够，起不到护壁作用而造成槽壁塌方。为避免此类问题出现，关键是要根据地质情况配制合适泥浆。当遇到有软弱土层或砂层时，应适当加大泥浆比重。

（2）在软弱土层或砂层中，抓斗速度过快或碰撞槽孔壁而造成塌方。为避免出现此类问题，在软弱地质土层施工时，要注意控制进尺速度，并尽量避免抓斗对孔壁的碰撞。

（3）地下水位过高或孔内出现承压水而造成槽壁塌方。解决这种问题，在成槽时需根据抓土情况及时调整泥浆密度和液面标高，泥浆液面至少高于地下水位500～1000mm，以保证泥浆液压和地下水压差，从而达到控制槽壁稳定的目的。为防止暴雨对泥浆的影响，设置导墙比地面高出100mm。

（4）槽段长度过长，成一个槽段所需时间太长，使得槽段因搁置时间过长，泥浆沉淀而引起塌孔。为避免这种问题的出现，应在划分槽段时根据地质情况及施工能力，并结合考虑施工工期，尽量缩短完成单一槽段所需时间。成槽后要及时吊放钢筋笼及浇灌水下混凝土。

（5）槽边地面附加荷载过大而造成槽孔塌方。为避免这种问题的出现，在施工槽段附近，应尽可能避免堆放重物和大型机械的动、静荷载的影响，吊放钢筋笼的起重设备应尽量远离槽边，也可采用路基和厚钢板来扩散压力。

3. 钢筋笼难以入槽段

引起下笼困难的原因很多，其中最常见的原因及处理方法有：

（1）钢筋笼尺寸不准，笼宽大于槽孔宽而无法安放。在设计槽段钢筋笼外形时，钢筋笼宽度应比槽段宽度小200～300mm，使钢筋笼与两端有空隙。闭合幅槽段钢筋笼的制作尺寸应以从现场实测槽段实际尺寸为准。

（2）钢筋笼吊放时产生弯曲变形而无法入槽。由于钢筋笼重量较大，一般要采用两台吊车，用横吊梁或吊架并结合主副钩的起吊方式来吊放钢筋笼。

（3）钢筋笼保护层垫块与设计槽壁间应有20mm空隙。

（4）槽壁凹凸不平或弯曲而使钢筋笼无法入槽。在成槽过程中要对每个孔位进行垂直度检测，要求孔位在沿槽段及垂直槽段的两个方向上偏差均满足要求。有倾斜的要先修正后才能进行下一工序施工。

4. 导管埋入槽段混凝土内不能拔出

（1）停止浇灌时间太长，又没有活动导管，使导管与混凝土粘在一起。应尽可能缩短浇灌中断时间。如果预先估计到要延长中断时间，应把导管提升到最小插入深度，同时经常活动导管。

（2）钢筋笼上一些钢筋焊接不牢，吊放时被碰撞散开而卡住导管。发现钢筋笼有散开的钢筋影响导管插放时应立即补焊。

（3）导管在混凝土中埋深过大。经常测定混凝土面上升高度，并据此确定导管在混凝土中的插入深度。

5. 导管上浮

导管下端埋入混凝土内至少2m，若导管下口拔出混凝上面以上，会使该槽段连续墙在此面上由于变质泥浆的影响而形成断层，从而破坏连续墙的结构。预防处理方法为随时测定混凝上面上升高度，并据此拔管。提升导管速度要慢。若导管已拔出混凝土面以上，应立即停止浇灌，改用混凝土堵头，将导管插入混凝土重新开始浇灌。

6. 锁口管起拔困难

锁口管的问题是施工过程的一个疑难杂症，至今没有得到合理的解决。主要问题有以下几个方面：

（1）槽壁不垂直，造成锁口管位置的偏移

由于设备成槽下抓自身倾斜和人工的原因，槽壁在下部总是存在两端不垂直的问题。这就造成在下锁口管的时候，锁口管不能按照预先放好的样的位置摆放，影响到这幅墙的宽度及钢筋笼的下放。同时锁口管的后面空当过大，加大了土方回填的工作量，也容易产生漏浆的问题。解决方法是修好左右纠偏的仪器，并且提高司机的操作技术，做好技术交底，在成槽后期的时候有意识的向两边倾斜。

（2）锁口管固定不稳，造成锁口管倾斜

锁口管的固定包括上端固定和下端固定：下端固定主要通过吊机提起锁口管一段高度使其自由下落插入土中使其固定，这个工作除了一次漏做外做得还是比较好的，这种固定方法使锁口管的下端一般不会产生大的位移。上端固定一般是通过锁口管与导墙之间的缝隙之间打入导木枕，并用槽钢斜撑来解决。这种方法基本上可以杜绝锁口管移位的产生，我认为这是一种较好的方法。实际施工中我们使用最多的是用100t 吊车用10t 力竖直向上拉锁口管，当锁口管发生偏移时，会有反方向的力使其回位。这种方法的缺点是当发生小的位移时，反方向的力很小，不能够起到作用，因此位移不可避免，而且当场地条件不允许时，100t 吊车很难找到合适的位置。

实际施工中，有几次锁口管上端未作固定或固定不好，偏移严重，造成此幅墙的幅宽超过设计宽度，占用了下一幅墙的幅宽。这个问题的产生和漏浆问题的产生共同造成了闭合幅的幅宽缩小的问题，其中最小的一幅只有4.5m宽，整整缩小了1.5m。

另外锁口管的倾斜也会造成墙与墙之间有淤泥夹层的问题，主要有以下两种情况。

其中第一种情况为上端偏移，出现的次数比较多，第二种情况为下端偏移，出现的可能性较小。淤泥夹层的出现严重影响了施工的质量，会造成严重的渗漏水问题。防止夹层的出现一是要防止锁口管的倾斜，二是刷壁的时候务必想方设法刷干净。

（3）拔锁口管

拔锁口管时为了避免使用液压顶升架，往往在混凝土没有浇筑完毕的时候就已经开始拔了，这样做不是不可以，只是一定要掌握好混凝土初凝的时间，在实际操作中指导工往往不能很好的掌握。因此我认为拔锁口管应该在混凝土灌注完毕的时候再开始拔，建议每次都使用液压顶升架，这样可以防止因锁口管拔得太早，墙体底部的混凝土未初凝而产生的漏浆问题。

锁口管拔不出有拔管时间未掌握好，锁口管倾斜后与顶升台架产生摩擦等原因。因此其预防及处理方法为：

1）根据同条件养护试块达到自立的硬化时间确定顶拔锁口管的时间。严格控制拔管时间和速度，经常提动锁口管使其与混凝土脱离，减少摩阻力。

2）加强锁口管的连接处的检查，垂直度和强度不符合要求，应及时纠正，上下管保证垂直。发现锁口管倾斜时，应立即吊出另放。若系槽壁弯曲使锁口管倾斜，则应修整槽壁后再吊放锁口管。

3）准备足够能力的起吊和顶拔设备。

7. 槽段接头渗漏

产生原因：后继幅施工时，前继幅接缝处混凝土表面上和泥皮、泥渣没清理干净，就下笼浇灌混凝土。

处理方法：

（1）后继幅成槽完成后，应对上一幅的接缝处用刷壁器将泥皮，泥渣清理干净。

（2）开挖阶段采取24h专人跟踪堵漏。如渗漏水量不大，可采用防水砂浆修补；渗漏水较大时，可根据水量大小，用双液注浆止水或采用钢管、胶管等引流，再用砂浆封堵，然后在后面用化学灌浆，最后堵引流管；漏水孔很大时，用土袋堆堵，然后用化学灌浆封堵，阻水后，再拆除土袋。

3.5 超深厚地下连续墙施工与经济分析

地下连续墙是一种比钻孔灌注桩等深基坑支护方式造价昂贵的支护结构形式，因此在对其选用和是否作为主体结构使用已越来越成为受到地下连续墙设计与施工单位的重视。随着地下连续墙施工技术的不断发展与提高，一些用于基坑支护的地下连续墙，不再仅仅用来承受基坑支护的土压力和防渗漏，而且还被用来承受永久荷载，集结构外墙、承重墙、挡土防渗墙于一身的所谓“二墙合一”或“三墙合一”的地下连续墙已得到广泛应用，如地下室、地下商场、地下停车场、地下铁道车站（包括盾构及顶管隧道的工作井、接收井）、地下汽车站、地下泵站、地下变电站、地下油库等。

“二墙合一”或“三墙合一”的地下连续墙主要有以下特点：

（1）地下连续墙防水效果好，如果墙底放到适当的隔水层中，那么基坑就无需进行降水，避免了排桩支护结构和因降水造成水资源浪费，可以充分利用红线以内地面和空间，充分发挥土地投资效益。

（2）把临时支护用的地下连续墙用于永久承载用，可大大节省地下结构外墙混凝土和钢筋使用量，减少地下结构的施工工作量。实现工效高，工期短，质量有保证，大大降低了建设投资。

（3）地下连续墙整体性好，与土体周边接触面积大，在选好合适的持力层同时，墙体侧摩阻力大，可承受较大的垂直荷载，减少工程桩的数量或单桩承载力。

（4）由于地下连续墙抗弯刚度大，悬臂开挖的基坑深度大，因而可减少基坑内支撑的数量，以便于采用逆筑法施工。

3.5.1 用作主体结构的地下连续墙技术特点分析

用作主体结构的地下连续墙因作为结构的一部分，对地下连续墙在技术上有如下特点：

（1）在地下连续墙的厚度及深度方面较一般支护结构墙要大要深，最常用的地下结构墙是800mm，一些地下连续墙也用了1000mm、1200mm，墙深达45.0m之深，单元墙体钢筋笼重多达42.0t，单元槽段灌注的混凝土达300m^3。因此相关配套的施工设备与机具要求高。

（2）施工质量高。对槽段成槽垂直度控制、预埋件设置定位、混凝土灌注质量、墙体渗漏、槽底沉渣等均提出了较高要求。

（3）地下连续墙作为地下室外墙，要求各层楼板及结构墙、坡道等预埋件准确定位，减少开挖后结构施工的工作量。

（4）作为结构墙，地下连续墙的渗漏情况很关键。在采用抗渗混凝土和合适的接头形式的情况下，采取严格的施工工艺可避免绝大多数的渗漏，同时对少数渗漏的事后补救也显得格外重要。

（5）作为主体结构的承重墙，满足承重结构的上部荷载，在成槽过程中减少槽底沉渣，进行槽底后压浆能收到很好的提高承载力的效果。

（6）地下连续墙的接头可分为两大类：施工接头和结构接头。施工接头是指地下连续墙槽段和槽段之间的接头，施工接头连接两相邻单元槽段；结构接头是指地下连续墙与主体结构构件（底板、楼板、墙、梁、柱等）相连的接头，通过结构接头的连接，地下连续墙与主体基础结构共同承担上部结构的垂直荷载。

3.5.2 施工中经常出现的问题与对策

1. 成槽垂直度的控制问题与对策

随着地下连续墙设计深度的不断加大，对槽段施工的垂直度控制要求也越来越高，垂直度控制是地下连续墙施工质量保障的关键一步。成槽垂直度技术指标主要是指单元槽段的前后偏差、左右偏差。由于前后偏差可通过抓斗的纠偏装置进行控制，一般前后偏差在施工过程中出现问题的次数相对较少；左右偏差发生概率比较高。我们在天津津湾广场地下连续墙施工中，采用宝峨公司的液压导板式抓斗施工，虽然该设备配备了测斜仪和纠偏导板，但由于槽段较深，斗体下部圆弧形成槽使得槽形成“锅底”形槽底，抓斗经常地在同一侧方向成槽时，形成了向一侧偏斜的现象发生，在一次抽检时，槽顶与槽底的左右偏差竟然有60cm之多，给后续修槽与钢筋笼下放造成很大麻烦。特别是在一些复杂地层中，控制槽段的垂直度显得更加重要。

对此，在深槽段施工中，我们在实际施工中尝试采用了旋挖钻进导引钻孔施工，解决地下连续墙槽段施工的垂直度问题。如沈阳市地铁二号线工业展览馆站，车站基坑围护结构采用800mm厚地下连续墙，墙深41.0m，基坑底板深26.5m，场区施工深度范围内约有32.0m为砾砂层，中密～密实，湿～饱和，混粒结构，含大于2mm颗粒占总重的35%～45%，最大粒径80mm（见图3-34）。在成槽施工中，采用了BH-12抓斗进行施工，多次成槽结果，槽段偏斜大多在50cm左右，最大达60cm，对混凝土灌注与墙体质量造成了较大的质量问题，后通过采用每一抓两端施工导引孔后再抓槽，槽段偏斜控制在30cm以内，大多在20cm左右。明显减少了槽段偏斜，提高了槽段的垂直度。而且采用旋挖钻进入引孔后，由原52h成一槽缩短到28h成一槽，大大加快了施工进度。同时因槽段偏斜，造成下放接头管困难，发生混凝土绕流等现象也明显得到了减少，大大提高了墙体施工质量。

2. 混凝土绕流问题与解决对策

（1）混凝土绕流问题与危害

随着地下连续墙成槽深度的不断加深，槽段垂直度偏差也越来越大，特别是到槽底处，槽壁前后、左右偏斜往往不能满足设计要求，虽然连续墙抓斗通过自身纠偏装置的精度控制和调整，其精度偏差可达到1/150～1/300，但就其所能控制的精度而言，45.0m深槽垂直偏差就达到250～350mm左右，如果垂直度控制达不到要求，则偏差将更大。这时接头管吊入槽内后与槽壁往往有空隙，且成槽过程中，难免出现槽壁土体的局部塌方，使得混凝土从施工槽段内溢出进入相邻槽段的施工范围内。

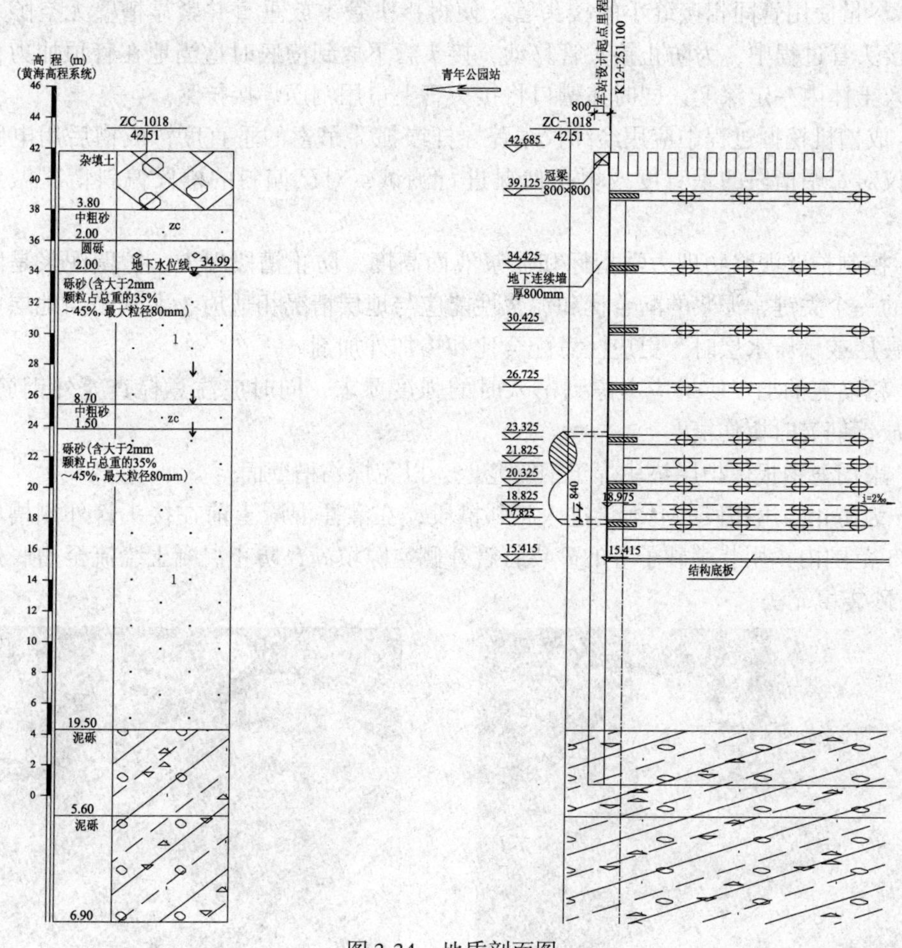

图3-34　地质剖面图

混凝土发生绕流后，一旦结硬，会使相邻槽段的挖槽难度增大，延长成槽时间。同时易造成因刷壁清浆工作难度增大，影响接头连接质量。也会使钢筋笼下放困难等问题出现。若绕流严重，使接头管处于混凝土的包围之中，易造成接头管提拔困难，造成接头管被埋的事故发生（见图3-35）。

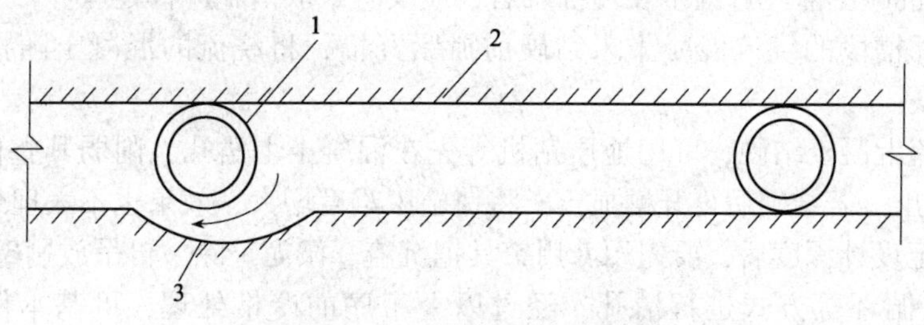

图3-35　混凝土绕流现象

1—接头管；2—槽壁；3—坍塌部位

(2) 防止混凝土绕流的措施

针对混凝土绕流问题，我们采取了如下一些措施：

1）抓斗成槽时应根据地层条件采取不同的成槽工艺，确保槽段的垂直度，特别是接头处的垂直度。

2）尽量使用管间相接缝小的接头管，使得接头管下放垂直并紧靠槽壁无空隙。同时在下放接头管过程中，为防止接头管移动，接头管下放到槽底时适当地在管顶加力，使管底能插入土体内一定深度，同时在槽口将接头管上口用钢筋焊接拉紧。

3）成槽机挖掘过程中应用经纬仪跟踪导杆或抓斗吊索的垂直度；成槽后用电脑控制的测斜仪对每幅槽段的垂直度或坍孔情况进行测试，对已偏斜的槽段偏斜情况做到心中有数。

4）控制护壁泥浆物理力学指标和泥浆液面高度，防止槽段塌方。护壁泥浆是防止槽壁塌方的一个关键，泥浆的配合比和泥浆性能应与地层情况相适应，尤其是当地层中有砂或砂砾夹层或承压水层时，更应注意配合比和掺加外加剂。

5）钢筋笼的加工质量应考虑到吊入时的强度要求，同时应注意检查笼外钢筋情况，防止吊放钢筋笼时擦伤槽壁。

6）采用薄钢板保护层垫块焊于钢筋笼上，以免擦伤槽壁面。

7）为防止溢出槽段的混凝土进入相邻槽段，在灌注混凝土前在接头管外侧槽底向上大约1/3范围内，用装满砂子等的砂袋将管外侧空隙填满，防止混凝土绕流至槽底处（见图3-36砂袋填充法）。

图3-36 砂袋填充法

(3) 发生混凝土绕流后的措施

若槽段在混凝土灌注过程中发现绕流后，应及时采取措施进行处理：

1）在相邻槽段的绕流混凝土未结硬前抓紧开槽，将绕流的混凝土随挖槽土体一起抓出。

2）若绕流混凝土结硬，可用地质钻机等先在混凝土上凿孔，削弱其整体性，再用抓斗将混凝土抓出。若结硬后再开槽抓土，将使施工难度增大，效果也不太理想。

3）挖槽至设计深度后，要先用专用铲具把沉渣、淤泥铲除，再吊放刷壁器进行刷壁，最后用泵吸反循环等方式进行清孔，经过以上工序的严格处理，可基本保证接头施工质量。

3. 预埋设施的准确定位

用作结构的地下连续墙，往往需要有许多预埋件与地下室结构体相连，因此存在大量的结构预埋件，如结构底板、楼板、内支撑等（见图3-37），为保证所埋结构件在钢筋笼下放后的位置准确，施工前技术人员将各类预埋件分若干个立面汇总在立面上，标出准确位置，然后调整并合理划分单元槽段，单元槽段两端标出坡道预埋钢筋的标高。钢筋网片加工组每加工一个钢筋网片，均需由技术人员持单元槽段预埋件布置图，现场指导工人绑扎、焊接预埋件，并由质检员进行质量把关。

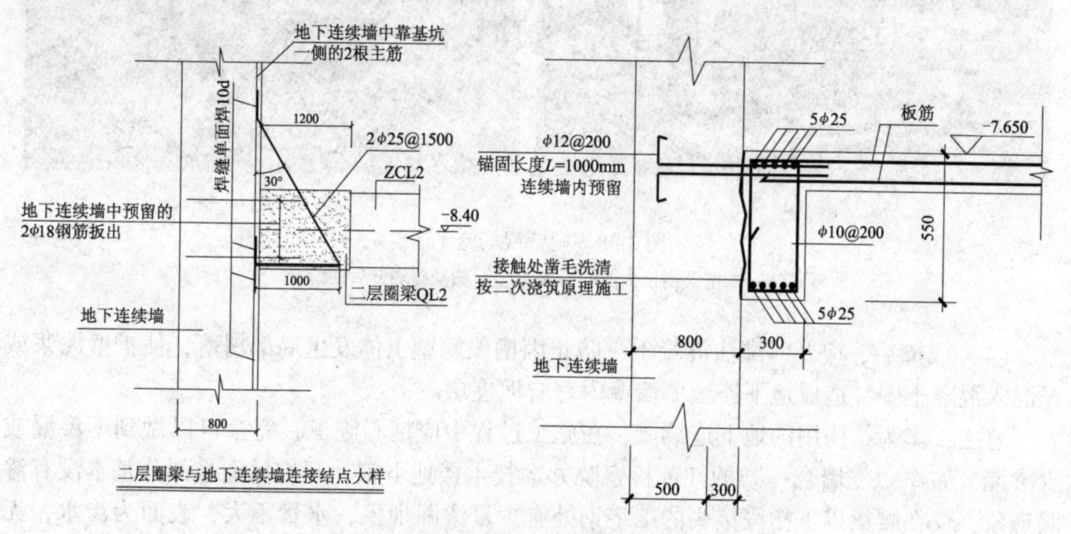

图3-37　楼板预埋件结构示意图

预埋件的准确定位，还与下放钢筋网片有着重大的关系。垂直方向上的定位可由测量人员在下放每一片钢筋网片时，使用水准仪现场指导吊车司机吊放，保证钢筋网片的第1道水平筋的标高控制在相对标高的设计位置。水平位置的定位比较复杂，一般在加工槽段接头处工字钢加宽至500mm，同时将单元槽段钢筋网片的两端长度适当减少55～100mm，在钢筋网片快要下放至设计深度时，沿地下连续墙轴线方向微调钢筋网片，使单元槽段内的结构预埋件、暗柱等也同时到达设计位置。

4. 地下连续墙的局部渗漏水问题

地下连续墙用作结构墙的关键在于能否成功防止地下连续墙产生渗漏。墙体易渗漏部位主要发生在单元槽段接头处，因此在设计上在选用合适的接头形式同时，在施工时防止接头处渗漏是保证地下连续墙质量的重要内容。

在施工中为保证地下连续墙具有良好的隔水防渗效果，主要从以下几方面进行控制：

（1）在成槽施工中，应保证单元槽段两端部位的垂直度要求；使相邻槽段偏斜相近。

（2）吊放钢筋网片前，认真仔细地做好槽段接头端面的刷壁工作。若有绕流进的混凝土，一定要在混凝土凝固前清理干净。吊放刷壁器进行刷壁，若有外伸的“胡子筋”还应注意“胡子筋”的清理（见图3-38刷壁现场施工）。

（3）为保证墙体接头的完整性，防止接头板变形及混凝土侧向绕流，在下放钢筋网片时，应严格控制好工字钢接头板下放垂直到位；在进行槽段混凝土灌注时，应在接头板外侧设防绕流钢筋。

（*a*）

（*b*）

图3-38　刷壁现场施工图

（*a*）刷壁器刷接头前的情况；（*b*）刷壁器刷壁后的情况

（4）成槽后，应及时灌注混凝土，防止因槽段侧壁土体发生局部坍落，使护壁泥浆或泥混入混凝土中，造成地下连续墙墙壁内存有泥夹层。

总之，作为结构用的地下连续墙，在施工过程中应精心施工，完全可以做到不渗漏或少渗漏。如作“三墙合一”的江苏检察院办案技术楼地下室，开挖后上半部分基本没有渗漏现象，仅在腰梁以下槽段接头的工字钢处有少量渗漏现象，水量不大，表面为渗水，无滴漏现象。这是因为浇筑的混凝土与工字钢之间的接触面粘接不够牢固，以及混凝土的收缩变形等原因，形成渗水通道，从而导致连续墙接头漏水。

在连续墙接头处出现渗漏后，应采取注浆堵漏法解决渗漏现象。

注浆堵漏是在工字钢与混凝土粘结处凿出一条V形槽，长度超出渗漏段上下各50cm，深度3～5cm，在槽内每隔20cm向渗透方向钻一15cm孔，并将高压灌浆针头插入孔中锁紧，然后用高压注浆机注入适量堵漏药剂，待1～2h后拆除针头并以快硬水泥封住钻口。此法可有效地阻止接头处的渗透现象。

3.5.3　提高地下连续墙的竖向承载措施

地下连接墙作为支护结构，只承受来自外侧的水平土压力；作为主体结构，除承担水平土压力外，还需承担上部荷载，这给工程施工提出了很高要求。根据国内外关于地下连续墙承重的研究和大量工作实践，地下连续墙和灌注桩相比有同等或比灌注桩良好的承载特性。地下连续墙的承载力也主要来自两个方面：侧摩阻力和墙底端阻力，通常地下连续墙的主要承载力来自墙端阻力。如我单位施工的江苏检察院基坑工程地下连续墙其单元槽段底端阻力为：$Q_{pk}=q_{sk}A_p=9600\text{kN}$；单元槽段侧摩阻力 $Q_{pk}=u\sum q_{sik}l_i=2302\text{kN}$。

根据以上分析，地下连续墙单元槽段承载力主要依靠墙底端阻力，因此为提高地下连续墙侧摩阻力和墙底端阻力，在施工中应特别注意以下几点：

（1）根据开挖槽深、槽壁地层岩土力学性质科学计算成槽泥浆密度，采用优质膨润土制备泥浆，以减少成槽后的沉渣，同时在放下钢筋笼前必须进行捞渣作业，确保捞尽沉渣。

（2）施工中应保证工序衔接连续性，从成槽、清槽、刷槽壁到下钢筋笼、下接头管、导管等工作，减少各工序间的时间，尽可能缩短从成槽到灌注的间隔时间，减少槽底沉渣。

（3）成槽深度应保证按照设计要求进入一定深度的持力层内。

（4）为提高地下连续墙承载力，解决成槽后槽底沉渣问题，应认真做好槽底后压浆。做好钢筋笼上事先固定压浆管的各项工作，在单元槽段混凝土浇筑7d后采用压浆泵向槽底注水泥浆液。灌注前先由1～2根注浆管向槽底注清水，等其他管中返出清水后，逐步用水泥浆液替换清水进行了注浆，注浆压力宜逐步加大，最大注浆压力控制在1.5MPa。根据钻孔灌注桩后压浆技术经验，该法将地下连续墙承载力提高50%以上。

3.5.4　地下连续墙用作结构墙的经济性分析

地下连续墙用作结构墙，与仅作支护结构相比，具有明显的经济优越性。对此我们曾对江苏检察院办案技术楼用作“三墙合一”后的地下连续墙进行过经济性分析，现阐述如下：

本工程场地狭小，西侧幼儿园距离基坑边缘5.0m，北侧为7层住宅楼，距离基坑11.0m，南侧为汉口西路，东侧为宁海路，地下管线较多。没有放坡开挖的空间，客观上只能采取地下连续墙或者排桩支护体系。而采用排桩方案，由于场地赋存大量淤泥质土层，基坑开挖后容易产生涌漏，且排桩内侧再做地下室外墙，地下室内缩至少1m，地下车库的存车量减少一半，不能充分利用建筑面积，初步选择地下连续墙作为基坑支护结构；根据场地工程地质报告，工程场地内强风化砂砾层埋藏深度均在17～23m之间，如果地下连续墙底端嵌入此层，能产生较大承载力。因此，根据基坑工程地质条件、周围环境特点和基坑深度，为保证周围建筑物安全，采用地下连续墙作为围护结构和地下室外墙，同时取代周边的六十多根基础桩承受上部结构的荷载为较好的选择。由此带来的技术经济效益分析如下：

（1）可节省地下室外墙及墙下工程桩等项费用

把临时性支护结构与永久性地下室承重外墙合为一体，材料得到充分利用，同时还可利用地下连续墙承受地下室各楼层、地下室底板和地下室外墙的上部结构的垂直荷载。所以，采用承重地连墙施工方案可省掉地下室外墙及外墙下工程桩的工程费用。根据分析可节省地下室工程总造价的1/3左右：节省墙混凝土$219\times12.5\times0.8\times300=657000$元，钢材$180\times3500=630000$元，施工费用100万元；节省工程桩成本$600\times600=360000$元。

（2）使底板设计趋向合理

钢筋混凝土底板要满足抗浮要求。用传统方法施工时，底板浇筑后支点少，跨度大，上浮力产生的弯矩值大，有时为了满足施工时抗浮要求而需加大底板的厚度，或增强底板的配筋。而当地下和地上结构施工结束，上部荷载传下后，为满足抗浮要求而加厚的混凝土，反过来又作为自重荷载作用于底板上，因而使底板设计不尽合理。用逆作法施工，在施工时底板的支点增多，跨度减小。较易满足抗浮要求，甚至可减少底板配筋，使底板的结构设计趋向合理。

（3）可节省土方挖填方费用

多层地下室采用常规的临时支护结构施工（包括排桩在内），为了地下室外墙支模和外防水层施工提供操作面，一般情况下基坑临时支护结构与地下室外墙之间要留 1m 净距的施工操作空间，所以基坑土方势必要多增加开挖土方量，待地下室施工好后，又增加地下室外墙四周围超挖的回填土方量。而采用承重地连墙方案，就可在地下室外墙处构筑地下连续墙，因此就可节省此部分土方挖填方工程量及其费用，本工程可节省土方挖运 $(49.4\times66.4-47.4\times64.4)\times12.5\times40=113800$ 元，节省 1/10 左右。

（4）可最大限度利用城市规划红线内地下空间

扩大地下室建筑面积多层地下室采用常规的临时支护结构施工，地下室外墙势必要退至城市规划红线内，留有临时支护结构截面尺寸和上面所述的施工操作面空隙距离，而缩小地下室建筑面积。采用逆作法施工，在满足室外管线或构筑物布置的条件下，作为地下室外墙的地下连续墙可紧靠规划红线，甚至踩规划红线构筑地下连续墙作地下室永久性外墙。从而达到最大限度利用地下空间，扩大地下室建筑面积的目的。

（5）有利于结构抵抗水平风荷载和地震荷载作用

多层地下室采用常规的临时支护结构施工，一般情况下临时支护结构与地下室外墙之间预留空间小，进行基坑四周回填上不容易夯填密实，甚至有的施工单位没有意识到高层建筑地下室外墙四周基坑回填土重要性。往往利用建筑垃圾随意回填了事，从而削弱了地下室结构对高层、超高层建筑嵌固约束的作用。采用地下连续墙作外墙与地下原状土体粘结一起，地下连续墙与土体之间粘结力和摩擦力不仅可利用它来承受垂直荷载，而且还可充分利用它承受水平风荷载和地震荷载作用所产生建筑物底部巨大水平剪力和倾覆力矩，垂直荷载主要由地下室外墙的地下连续墙通过侧壁和底部的摩擦力承受，抗倾覆力矩由地连墙、桩筏结构共同承受，大大提高了抗震效应。

第四章　地下连续墙施工经典案例

4.1　北京侨福花园广场基坑地下连续墙支护工程

4.1.1　工程概况

1. 工程地理位置及概况

拟建工程位于北京朝阳区芳草地北街，东临东大桥路。建筑相对标高 ±0.00 =40.80m，南北向约156m，东西向约188m，占地面积约3 万 m^2。自然地面标高为绝对标高40.80m，基坑深度 –21.675m，局部位置如电梯井、排水坑等加深1.0m。平面布置图参见图4-1。

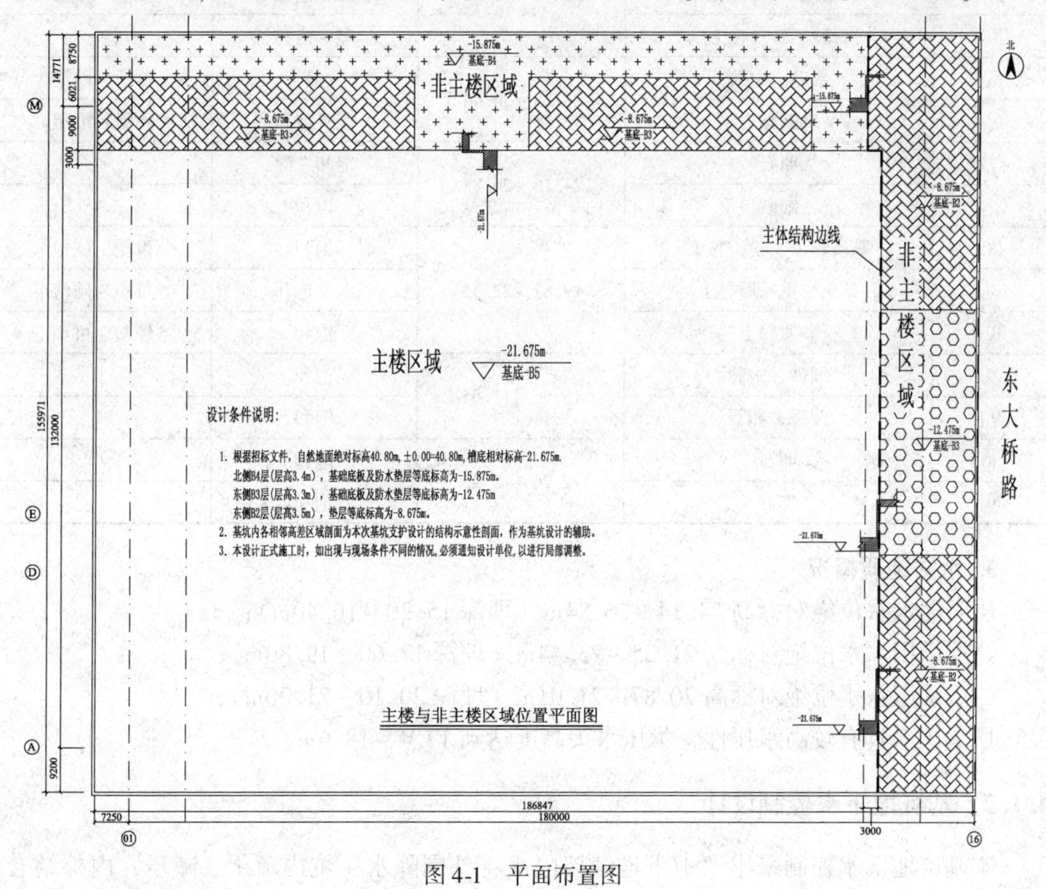

图4-1　平面布置图

2. 工程地质概况

根据地质勘察报告，拟建场区位于永定河冲洪积扇中部，地形基本平坦，地面标高

40.80m 左右，地表层为人工堆积层，其下为第四纪沉积层，详见表 4-1。

场区地层条件 **表 4-1**

序号	岩 性	层顶标高	湿 度	稠 度
①	黏质粉土、粉质黏土填土	39.97~41.50	~稍湿	可塑~硬塑
①$_{1}$	砂质粉土、黏质粉土填土		稍湿~湿	可塑~硬塑
①$_{2}$	碎石、卵石填土		稍湿	
②	粉质黏土	34.14~39.35	湿~饱和	可塑
③	粉质黏土、重粉质黏土	33.45~39.11	湿~饱和	硬塑~可塑
④	黏质粉土、砂质粉土	33.45~39.11	湿~饱和	硬塑~可塑
④$_{1}$	粉砂、砂质粉土		稍湿~饱和	/
④$_{2}$	粉质黏土、重粉质黏土		湿~饱和	可塑
④$_{3}$	黏土		湿~饱和	可塑~软塑
⑤	黏质粉土、砂质粉土	30.90~33.78	湿~饱和	硬塑~可塑
⑤$_{1}$	粉质黏土、重粉质黏土		湿~饱和	可塑~硬塑
⑤$_{2}$	粉砂、砂质粉土		湿~饱和	/
⑥	细砂、中砂	27.25~30.44	湿	可塑~硬塑
⑥$_{1}$	圆砾		湿~饱和	硬塑~可塑
⑦	卵石	24.16~26.88	饱和~湿	/
⑦$_{1}$	细砂		饱和	/
⑧	黏质粉土、粉质黏土	19.87~22.36	饱和	可塑~硬塑
⑧$_{1}$	黏土、重粉质黏土		湿~饱和	可塑~硬塑
⑧$_{2}$	砂质粉土		饱和	硬塑~可塑
⑨	细砂、中砂	15.96~17.65	饱和	/
⑨$_{1}$	圆砾、卵石		饱和	/
⑩	卵石	12.26~15.25	饱和	/
⑩$_{1}$	细砂		饱和	/

3. 水文地质概况

层间潜水水位绝对标高 24.14~26.84m（埋深 15.20~16.40m）；

一层承压水水位绝对标高 21.35~23.44m（埋深 17.60~19.80m）；

二层承压水水位绝对标高 20.87~21.01m（埋深 20.10~21.20m）；

层承压水具有较高承压性，承压水头高度达到 17.4~18.6m。

4.1.2 基坑地下水控制设计

本基坑地下水控制采用“地下连续墙隔水+外围降水+坑内疏干、减压，内外结合、动态管理”的降水体系。

(1) 封闭隔水

连续墙墙厚 600mm，墙底进入隔水层⑧大层不得小于 2.5m。

（2）外围体系

坑外西侧、南侧自然地面；坑内北侧、东侧 -8.5m 位置，进入卵石 10 层 2.0～9.0m，井深 29.5m 和 35.5m，间隔布置，井间距 10～12m。

（3）坑内体系

坑内 -13.5m 位置施工疏干井，深度进入 -21.0m，不穿透隔水层，井间距 30m 左右，便于下层土方开挖。

根据监测水位情况，在承压水头上（-17.5m）施工桩基后，坑内施工减压井，井深进入卵石层 2.0m（-29.5m），井间距 30m 左右。

降水井参数：直径 600mm，井内填滤料，直径 300mm 无砂混凝土管，接头处缠裹滤网。

降水井平面布置详见图 4-2。

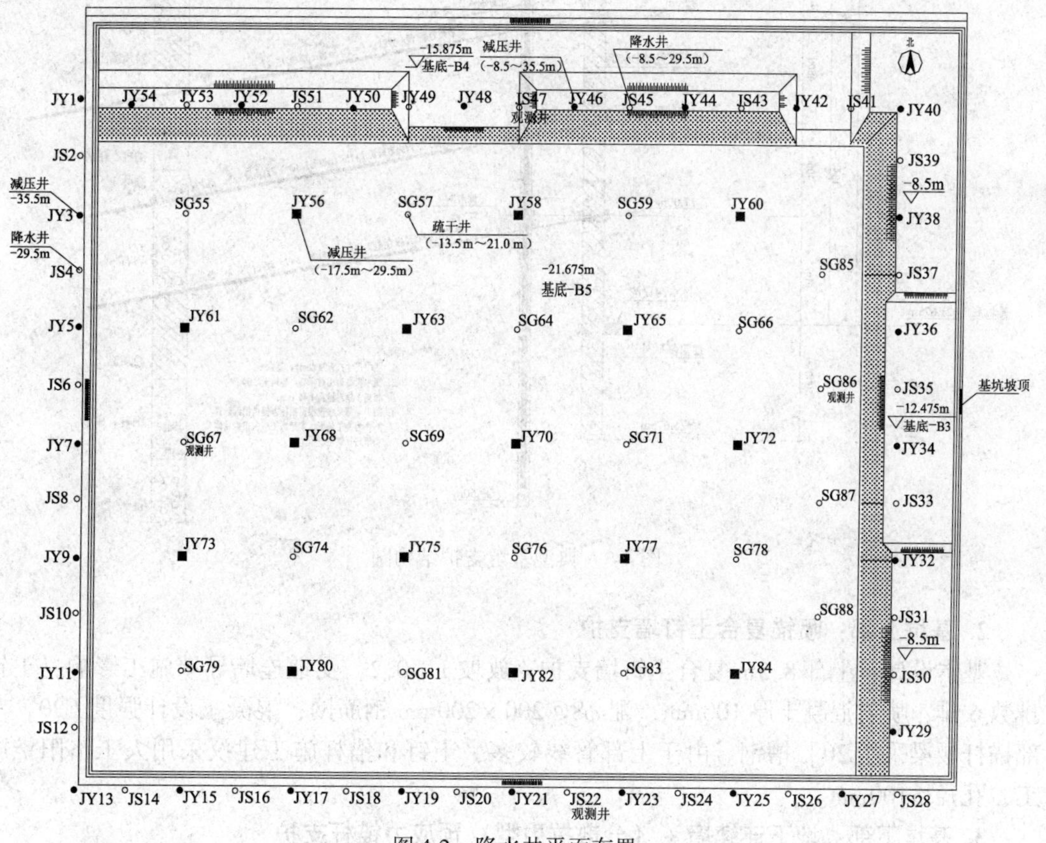

图 4-2　降水井平面布置

4.1.3　基坑支护方案设计

1. 设计条件

西侧 1-1 剖面：地面载荷 40kN/m²（地泵、临时堆载距坡顶 2.0m 以外，汽车 1.5m 以外）。

南侧 2-2、北侧 3-3 剖面：地面载荷 20kN/m²（地泵、临时堆载距坡顶 3.0m 以外，汽车 2.0m 以外）。

其余剖面：地面载荷 20kN/m²（地泵、临时堆载距坡顶 3.0m 以外，汽车 2.0m 以外）。

预留操作平台：据上部结构总体施工部署，预留操作平台及堆载区，地面载荷 40kN/m^2（地泵、临时堆载距坡顶 3.0m 以外，汽车 2.0m）。

本地下连续墙设计仅为基坑支护临时性设计，作为永久型挡土墙基础等计算工况后的配筋参数由上部结构设计单位调整，但不得小于设计配筋率，地连墙顶部预留连接钢筋。典型基坑支护结构图参见图 4-3，坑内预留工作面 500mm。

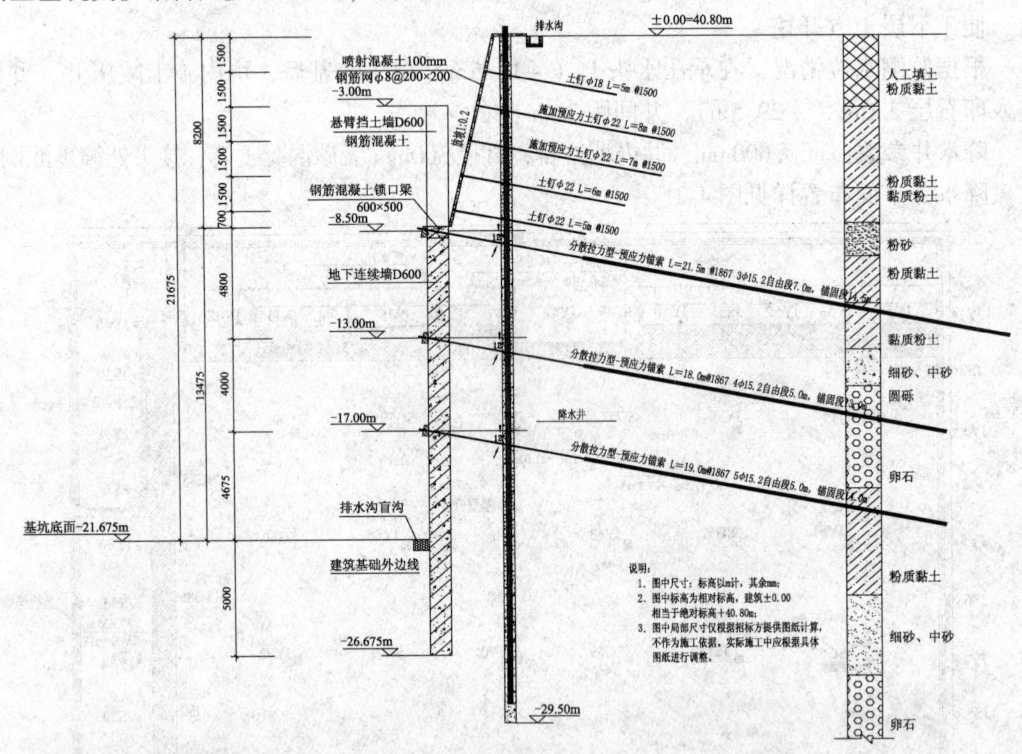

图 4-3　典型基坑支护结构图

2. 基坑上部：喷锚复合土钉墙支护

基本设计：上部 8.5m 复合土钉墙支护，放坡 1：0.2，受地连墙导墙施工影响，土钉排数 6 排，喷射混凝土厚 100mm，配 $\phi 8@200\times200$mm 钢筋网，混凝土设计强度 C20，中部锚杆腰梁采用 20］槽钢。由于上部管线较多，土钉和锚杆施工建议采用人工洛阳铲施工，孔径≥100mm。

3. 基坑下部：地下连续墙 +（分散拉力型）预应力锚杆支护

地下连续墙：墙厚 600mm，墙顶部标高 -8.5m，压顶梁 600×500mm。

西侧、南侧基底标高 -21.675m，墙底标高 -26.675m（嵌固 5.0m），设置三道锚杆（-8.75m、-13.5m、-18.0m）；

北侧基底标高 -15.875m，墙底标高 -21.575m（嵌固 5.7m），设置一道锚杆（-8.75m）；

东南侧墙底标高 -23.675m、东北墙底标高 -21.675m。基底标高 -12.475m 部位，设置两道锚杆，中部基底标高 -8.875m 部位，设置一道锚杆，

分散拉力型预应力锚杆及预应力锚杆：锚杆施工采用护壁套管跟进法，锚孔孔径 150mm。锚杆为非拆除型锚杆，锚头浇筑在结构内。

张拉：待锚固段强度大于15MPa并达到设计强度75%后进行张拉和锁定，锁定荷载为设计荷载的60%。分散拉力型预应力锚杆应分段张拉；

锚杆正式施工前必须在-8.75m，-13.5m，-18.0m部位，根据土质情况，各作一组（3根）基本试验，基本试验、验收试验应满足规范要求。

特殊要求：地下连续墙垂直度≤1/200，沉渣厚度≤150mm；

4. 基坑内喷锚支护

放坡1：0.55，土钉间距横纵向1500mm，喷射混凝土厚100mm，配ϕ6.5@200×200mm钢筋网，混凝土设计强度C20，土层锚杆孔径≥100mm；砂层、卵石层土钉施工可采用气动冲击式注浆花管，孔径≥50mm。

本基坑内平面面积约为30000m^2。槽底标高为-21.635m，局部标高为-8.5m、-17.435m，土方为60.5万m^3。

4.1.4　基坑土方开挖设计

配合基坑支护分段、分层进行土方开挖，根据土钉、锚杆设计部位，下挖不超过0.5m作为施工平台，待混凝土强度、土钉注浆、锚杆张拉达到设计强度后方可继续开挖。

第1阶段：分层开挖至-8.5m（降水井、地连墙施工）。

第2阶段：主楼区域开挖，根据锚杆位置，开挖至-9.25m、-14.0m、-18.5m、-21.675m（降水井、锚杆、桩基施工）。

第3阶段：主楼区域夯实回填，下沉式广场开挖。

4.1.5　施工主要工作量

（1）降水面积30000m^2

完成降水井39口（其中降水井19口、减压井20口）。

（2）土钉墙支护面积11648.22m^2

1）完成-8.5m以上土钉墙工作量7215.72m^2；

2）完成-8.5m以下及马道土钉墙工作量4432.5m^2。

（3）锚杆19137.5延米

1）土钉墙上的锚杆2341延米；

2）冠梁上的锚杆4520延米；

3）地连墙上的锚杆11646.5延米；

4）马道上的锚杆630延米。

（4）地连墙

1）完成导墙682m；

2）成槽段数107个槽段；

3）浇筑混凝土方量8588.5m^3；

4）加工钢筋网片107个，完成1213t钢筋；

5）完成贴膜筋加工量110t。

（5）冠梁682延米，浇筑混凝土204.6m^3

（6）渣土外运9700m^3

4.1.6　项目施工

1. 项目开工

4月20日土方得以外运也促进了支护工程的进展。5月2日地连墙导墙开始施工（见图4-4），并于5月14日形成第一段，通过我们的精心准备，5月18日8点08分，东侧地连墙开始正式抓槽。

随着土方施工的进展，基坑的南、西、北侧先后降至－8.5m标高，此标高上的地连墙开始准备施工。5月下旬，随施工面逐渐缩小，土方施工速度开始减缓，并很快进入间歇期，现场支护工程成为焦点，开始－8.5m标高的地连墙施工。

5月末，东侧地连墙E1～E13施工完成，两台成槽机同时在－8.5m标高上施工，真正的考验来了。与此同时，－8.5m标高北侧平台上的降水井施工开始。在地连墙抢工阶段，正逢北京的雨季，天常是灰蒙蒙的，雨不知何时就下了起来，就这样我们的施工没间断过。针对制约进度的成槽和钢筋加工两项工序，与中建国际一起及时地采取了措施，对机操手和钢筋班组制定了相应的奖惩措施，其中详细规定了日完成量、质量标准、超额完成的奖励办法以及未达标的惩罚办法，收到较好的效果。

图4-4　施工现场图

随着地连墙施工的进展，地连墙冠梁施工随即插入，而这道工序的进展直接决定了土方施工再次插入的时间，从而影响着整个工期。经过努力，6月13日东侧地连墙冠梁开始施工，I区冠梁于6月23日晨开始浇筑，给土方往下开挖提供了工作面。7月1日，I区－8.5m标高以下土方开始开挖。

7月12日北侧最后一段地连墙浇筑完成。至此，基坑内107段地连墙除东南角处因待拆建筑物影响有21段未施工外，其余全部完成。

7月14日，I区土方达到桩基施工所需标高－17.5m。当日打桩机械设备进入现场，开始试桩施工。

8月22日，应业主要求，对现场整体施工部署做出较大调整。按照9月初东南角17号楼拆除考虑，决定断东侧F轴马道，相应大门封闭后，我们完成了8个槽段地连墙。9月29日，现场东南角17号楼拆除，利用清除17号楼基础期间，利用“十一”见缝插针又完成了2段地连墙。

“十一”过后，最后的11段地连墙施工进入抢工阶段，我们制定了详细的计划，将设计墙顶标高为－8.5m的地连墙提高在－3.0m标高上施工，增加5.5m盲槽，同时，合理安排槽段施工顺序，并将个别槽段做土方回填处理。虽然5.5m的盲槽和回填槽段给施工带来了不便和风险，但这一切都是为了缩短工期，避免土方开挖和土钉支护占用工期，尽早提供地连墙施工占用的现场场地。

最后一段地连墙终于在 11 月 4 日浇筑完成。至此，历经五个半月，107 个槽段全部完成，坑内地连墙形成闭合。在 8 月 22 日所排定的计划中，全部地连墙施工将在 12 月 13 日，目前我们提前 40 天实现这一目标。

地连墙施工累计时间为 3 个月。

2. 基坑支护方案的调整与变更

本工程由香港建筑设计方设计，基坑的支护结构是上部为土钉墙作支护，下部采用地下连续墙 + 锚杆的支护结构。进入施工阶段时，因对建筑结构进行了多次结构调整，因此基坑支护结构亦进行了重大调整。

（1）遇障碍物后或人工无法施工时

对于南侧遇人防和污水管道，现场采取灵活技术措施，确保工期的顺利进行，如人防处施打土钉和锚杆无法注浆，采用周边加密土钉，加长锚杆，并用草袋子装土封土人防洞，挂加密网处理；遇雨污水管道，土钉无法达到设计孔深，采用调整角度和改变土钉锚位的位置，外加墙上设置背拉筋与硬化路面的钢筋连接，与路面形成整体。

东侧遇砖墙，土钉人工无法成孔，我司项目部依据现场情况调整土钉排数和土钉长度，并采用锚杆钻机成孔的办法给予解决。

马道的土钉支护，由于地层的原因，砂卵石层中超过 5m 以上的土钉无法人工成孔，为此在坡面上增加了一排预应力锚杆，减少了土钉数量，缩短了工期和成本，同时保证了马道的支护安全。

（2）地下建筑结构调整引起支护结构的设计变更

变化部位主要为北侧和东侧施工平台土方开挖标高的大范围降低，从而导致地连墙和锚杆设计和施工参数进行调整，基坑槽底大面积标高提高 40mm，变为 21.635m。600mm 地连墙与 -8.5m 以上 900mm 挡土墙的结合，现在仅设置了预埋条件，将来基坑四周已施工好的土钉墙是否需全部破坏等今后施工时再行考虑。

支护设计变更前，东侧地连墙已做完 13 个槽段，由于东侧标高由原 -12.475m 标高降为 -17.435m，同时南北方向上均外扩，这样原地连墙和锚杆支护方案不能满足边坡稳定性的要求。

4.1.7　施工事故处理

1. 安全事故处理

以前的顶升机插销只有顶弯，新进顶升机插销由于材料加工（淬火、回火等）问题，加上施工人员忽视了插销会断，在施工 E19 槽段时，顶升过程插销断裂，项目部及时更换这批插销。

2. 质量事故处理

（1）混凝土埋注锁口管处理

后期工期紧，需变换马道，给拆除 17 号楼提供工作面，临近 17 号楼的两段地连墙必须抢完，由于施工场地小，导墙无法延伸，正好够两个槽段使用，施工完导墙第三天开始抓槽，顶升锁口管时，靠没有延伸的导墙端下沉，导致顶升机不均衡受力，最终顶升机处导墙损坏严重。

（2）导墙浇筑变形处理

拆完 17 号楼后，由于此导墙工作量小、间歇长，原导墙施工队伍无法抽人施工，通过甲方介绍，专做土建支模的队伍，支模时只把内外模整体固定，未把内外模与土体固定，浇筑导墙混凝土时，没有达到均匀对称浇筑，且此导墙处土体回填时，未经很好压实，导致浇筑混凝土内外模板整体变形，我项目部拆模后，多凿，亏不补的技术措施，把凿出钢筋处里面的土体挖孔，重新支模灌混凝土，达到了施工要求。

(3) 成槽时土层坍塌，导致导墙下沉处理（见图4-5）

在南侧地连墙施工S21～S26槽段时，由于工期要求紧，而地连墙施工机械多，环节复杂，占用场地面积大，给土方工程及后续的桩基施工均带来影响，因此南侧地连墙施工需提前进行。但现状地面则在－3.0m标高上，地连墙则需在－8.5m处标高施工，而如果要挖至－8.5m处，则需进行南侧边坡土钉墙及锚杆施工，需要占用大量时间，对工期大大不利，因此，决定在施工这几段采用在盲槽施工，即在－3.0m处施工－8.5m标高地连墙。其难点主要体现在：①槽段深度加深，槽壁不稳定因素加大；②钢筋笼吊筋加长，吊放钢筋笼难度加大；③钢筋笼吊放精度不易控制，包括钢筋笼中心线位置、标高等；④锁口管加长，吊装及浇筑过程中易发生倾斜；⑤刷壁操作困难，刷壁质量不易保证；⑥混凝土浇筑标高不易控制。实际施工完毕挖出地连墙墙顶后，虽发现主要问题是钢筋笼未下放到位，产生上浮，混凝土浇筑后，最厚处超高约1.0m，给冠梁施工造成极大影响，但大大节约了工期，提供了土方开挖工作面。

图4-5　槽段土层坍塌

(4) 地下连续墙的局部渗漏水

地下连续墙的局部渗漏水多发生在连续墙槽段之间的连接处，为改进槽段连接头的刚度和抗渗能力，人们提出过很多连接节点的构造措施，但由于施工是在泥浆中进行，要将先行施工的槽段连接面上泥浆清刷干净，并使后浇槽段的混凝土能很好地与它粘结。在泥浆中浇筑混凝土，只要施工中对先浇槽段接触面的清刷工作稍有松懈，或因为泥浆护壁效果不佳，清刷和下笼过程中不小心碰塌了侧壁的土体，都会使槽段连接节点产生局部夹泥露筋和渗漏。防止这种质量问题的办法是：精心配制槽段内的护壁泥浆，确保槽壁两侧的土体稳定；成槽机抓斗在成槽过程中必须保证垂直匀速地上下，尽量减少对侧壁的扰动；槽段两端的清刷工作必须仔细小心地进行，上下清刷过程中严禁碰撞两侧壁土体，钢筋笼下放过程必须垂直、缓慢，如遇障碍必须摸清情况，清除障碍后再行下放，切不可靠重力强行插入，导致侧壁土体塌落；钢筋笼入槽后必须抓紧时间下导管，清槽完成后，马上开始混凝土的浇筑，不要将清过槽后的槽段空置，以防止发生新的土体塌方。

(5) 地下连续墙表面浅层夹泥和露筋

基坑开挖后，对地下连续墙表面浅层夹泥和露筋质量问题，需要及时进行人工清除杂质，凿去松动的混凝土表面石子，并用水将表面冲洗干净，凿毛，然后选用硫铝酸盐超早强膨胀水泥与一定量的中粗砂配制成的水泥砂浆来进行露筋处的修补，对修补用的水泥砂浆，其24h的抗压强度要大于35MPa以上。

3. 锁口管接头的缺陷和处理

地下连续墙的施工过程大部分都在泥浆中进行，肉眼无法观察到，仪器探测也不容易，质量是好是坏必须等到基坑开挖之后才能得出结论，这是地下连续墙施工最独特的地方。虽然地下连续墙的施工接头并非影响地连墙成败的唯一因素，却是最脆弱的一个环节，也是最容易发生事故的所在。圆形锁口管接头常见的缺陷及处理如下：

在混凝土浇筑过程中混凝土顶面上的淤积物，随着混凝土面上升而被挤向接头管的死角处，被混凝土包夹在孔壁上，形成厚薄不一的淤泥夹层，则可能沿此缝产生渗流现象。如果淤积物附着在一期槽的孔壁表面，而清孔时又未彻底清除，则夹泥就会被包裹在施工接缝上。这种缺陷可能会造成严重后果。如果上述情况发生在接缝的某一部位，则形成局部窝泥现象。对此，用特制的钢丝刷子，认真刷洗接缝面上的淤积物。

在夹有砂砾石的地层中施工时，槽段内可能在此部产生坍塌而加了槽宽。插入接头管以后，此处尚有空隙。浇筑混凝土时，就会绕过接头管而漏到外面去。待接头管拔出之后，就形成一个空心混凝土环。外面半圆环的多余混凝土可能会给后面槽段施工带来不可弥补的缺憾。对有可能发生混凝土绕过接头管、形成空心混凝土环缺陷时，可在起始槽段和闭合槽段相连接的那个接头孔内重新造孔，或是用抓斗抓到槽段底部，再用原地材料或砂砾石料回填到原孔位。

接头漏水处理，根据接缝漏水的程度不同，可以采用：高压注浆或高压喷射注浆；低压固结注浆；墙面渗水轻微时，只需凿除淤泥和混合砂砾石，用膨胀水泥浆或混凝土填塞即可。

4.2 江苏省人民检察院办案技术楼基坑工程

2006 年 7 月 25 日早晨六点，历史会永远记住这一天，检察院办案技术楼工程项目部一行七人，带着公司全体员工的重托，风尘仆仆来到南京，下了火车，迎着南京特有的热浪，满怀信心地奔向宁海路汉口西路交叉口——这里将是我公司采用地下连续墙进行基坑支护的又一作品。

没有人会怀疑我们的成功：我们有施工地下连续墙的最好设备，我们更拥有一支经验丰富的地下连续墙施工队伍。本项目自 2005 年初就开始介入项目基础方案和可行性研究工作，并进行前期的基坑支护设计工作，2005 年 11 月经南京市有关专家审查通过了初步设计，2006 年 3 月通过专家评审后开始基坑支护的施工图设计，这次设计最终决定，地下连续墙由最初的只作为基坑支护墙设计改为具有支护、地下结构外墙、承结构荷载承重墙的地下连续墙，即三墙合一，这在全国范围内都是极少有的情况，设计上要冒很大的风险，更重要的是，这一改变将给地下连续墙施工带来极大的挑战。

4.2.1 工程概况

江苏省人民检察院办案技术楼工程位于南京市宁海路和汉口路交叉路口处。本工程为地上办公和地下停车场的综合建筑，属一类多层民用建筑。地上共 6 层，地下二层和夹层。工程规划用地 5178.8m^2，建筑面积 19917.48m^2，其中地下建筑面积 8126.34m^2，场地 ±0.00 = 14.10m，自然地面平均标高约 13.50m（-0.60m），基坑底面标高按 1.05m 考虑，基坑深度为12.45m。拟建办案技术楼占地面积约3200m²。东西宽约64m，南北长约47m。西侧毗邻南京师大幼儿园及同德大厦，其中幼儿园距离基坑边缘5.0m，北侧为7层住宅楼，距离基坑11.0m，南侧为汉口西路，东侧为宁海路。

4.2.2 施工内容

施工的内容是江苏省人民检察院办案技术楼基坑地下连续墙、工程桩及立柱桩、土方挖运、圈梁和内支撑系统制作和拆除等五项施工分项工程。

4.2.3 工程特点与现状分析

根据基坑工程地质条件、周围环境特点和基坑深度，为保证周围建筑物安全，采用地下连续墙作为围护结构，墙厚为800mm，墙底进入强风化砂砾岩至少0.5m。墙体混凝土强度等级采用水下C35。

为限制基坑变形，设计二道钢筋混凝土内支撑，支撑系统采用对撑加角撑的形式，分别通过冠梁和腰梁与连续墙连为一体，内支撑下设计24根立柱桩作为竖向支撑。整个支撑系统混凝土强度等级为C35。基坑土方开挖配合内支撑施工进度分步开挖。

本工程办案大楼基础桩采用钻孔灌注桩，其中Φ800的抗压桩10根，Φ1000的抗压兼抗拔桩12根，Φ1000的抗压桩75根。桩身混凝土强度等级采用水下C30，桩端持力层为中风化砂砾岩，要求进入中风化砂砾岩（4－2a）层不小于500mm，其中抗压兼抗拔桩要求桩长不小于17m，且进入中风化砂砾岩层不少于2m。

本工程土方开挖为配合内支撑施工，进行分层、分段开挖，根据内支撑设计部位，超挖不超过0.5m作为内支撑施工平台，待混凝土达到设计强度的70%后，再向下进行土方开挖。

基坑采用地下连续墙挡水，坑内积水采用明沟、集水井的形式排出。

本工程基坑设计开挖深度12.5m，由于地处闹市，建筑场地狭小，周围建筑物林立，设计拟采用地下连续墙作为围护结构，兼做地下室外墙，同时取代周边的六十多根基础桩承受上部建筑结构的荷载，由此带来设计和施工上的新挑战。首先，由于地下连续墙取代原设计的桩基础承受上部建筑结构的荷载，按照有关规范，作为主体结构的地下连续墙在垂直度、墙面平整度、清槽的要求等方面的施工标准全面提升一个档次；其次，增加了大量的地下连续墙与主体结构的连接预埋件，这些预埋件的准确定位成为关键问题，位置稍有差错后续施工困难极大；第三，地下连续墙直接作地下室外墙也给地下连续墙槽段接头处，地下连续墙与地下室底板连接处的防渗带来了挑战。这些问题都是本工程施工中必须解决的问题。

4.2.4 施工安排

根据合同文件、设计图纸提供的场地及现场勘察，为节约工期，本工程采用，施工部署如下：

第一阶段：准备阶段

根据场地情况进行清理平整，以及场地内地下管线探测、改移等，经测量放线后进行冠梁层顶标高（－1.60m）以上土方挖运和连续墙导墙的施工，导墙外侧砌筑砖墙，由

-1.8m标高砌至自然地面，对外围土层进行临时围护。

第二阶段：正式开工

主要完成连续墙施工、立柱桩和工程桩的施工，在场地允许的情况下进行交叉作业。施工初期全力进行地下连续墙施工，安排1台液压抓斗成槽，在连续墙施工的同时，及时开展凿墙头施工，地连墙施工从基坑北部中间开始，沿两个方向由北向南推进；待地连墙施工过半，基坑北部场地空出以后根据现场情况安排两台旋挖钻机等设备适时进场施工立柱桩和工程桩，立柱桩和工程桩的施工也由北向南逐桩进行。

第三阶段：主要完成冠梁及第一道冠梁层内支撑施工工作。本阶段施工前期可与工程桩施工交叉进行。在基坑北部工程桩和立柱桩施工完毕后经测量放线后将冠梁层顶标高（-2.40m）以上土方挖运，随挖随破除地连墙顶保护层混凝土，然后人工找到立柱，结合立柱位置测量放线，标定第一道内支撑的位置，做支撑梁底砂浆层，绑扎冠梁和内支撑梁钢筋，立模板，分阶段浇筑梁混凝土。

第四阶段：主要完成冠梁层以下-2.40m标高至第二道内支撑梁以上（相对标高-8.9m）的土方挖运工作和第二层内支撑施工。土方挖运须待第一道内支撑梁混凝土强度达到设计强度的80%以后方可进行，因北部支撑先浇筑完毕，北部土方可适当提前。安排数台挖掘机昼夜挖运坑内土方，配备12~20辆运土车。

第二层内支撑施工前先将地连墙内-8.9m标高附近预埋的两层18钢筋（腰梁拉筋）凿出并从墙内搬到水平位置，再将斜拉钢筋焊在地连墙的主筋上（如图4-6所示），然后再进行腰梁和内支撑的钢筋绑扎、立模、浇筑混凝土作业。

第五阶段：挖运第二道内支撑以下土方至坑底以上20cm（相对标高-12.85m），而后进行坑底清槽作业，完成整个基坑的施工任务。

第六阶段：随主体结构施工拆除内支撑及腰梁。

4.2.5　施工工艺与技术措施

1. 地下连续墙

（1）保证成槽质量

确保成槽垂直度是地下墙施工质量的关键，在施工时必须派专人与成槽司机配合，严格控制其垂直度：专人负责在槽口测量成槽机钢丝绳的对中情况，稍有偏差即指挥司机纠正，以保证成槽垂直度优于1/300。

护壁泥浆质量直接影响槽壁稳定性，成槽作业时泥浆各项技术指标须符合规范要求，不合格泥浆严禁使用。泥浆液面距离导墙顶不得大于300mm。

（2）保证钢筋笼制作与吊放质量

进场钢筋必须具有产品质量合格证，且按照规范规定进行见证取样合格。钢筋笼制作应在平台上制作，焊点质量须符合焊接规范要求。钢筋笼的保护层垫块厚度、数量严格按方案图纸制作布设，以确保混凝土保护层厚度。钢筋笼起吊点布置合理，以防止产生不可恢复变形。钢筋笼吊装前须由专人检查吊车工作情况、钢丝绳有无割断或起毛、U形卡是否拧牢固、吊点位置是否正确、吊点强度是否加强、扁担焊缝、平整度有无变形、滑轮是否安装正确无变形等，会签确认后方可起吊。钢筋笼安装入时位置摆正后，保持垂直状态徐徐轻放，尽量避免碰撞孔壁。

(3) 保证水下混凝土浇灌质量

在槽段成槽施工中，端部应保持垂直，以满足槽段接头的垂直度要求；加强槽段的清渣、刷槽工作，尤其对端部要清除干净；对已完成的槽段混凝土接头处，污泥要清洗干净，防止接头处因夹泥而漏水。严格控制好工字钢接头板下放垂直、到位，防止接头板变形及混凝土侧向绕流。水下混凝土浇灌时，适时拔管和拆管，保证埋管深度 2.0～6.0m，避免导管拔空浇灌造成夹渣。

混凝土坍落度 18～22cm，并于现场抽查，每 $100m^3$ 混凝土做一组抗压试块，不足 $100m^3$ 混凝土做一组抗压试块，每浇灌 $500m^3$ 做一组抗渗试块，并在现场设标准养护室养护。

为保证所有预埋设施无遗漏并且定位准确，施工前有技术人员将以上预埋件分四个立面汇总在立面图上，标出准确位置，然后调整并合理划分单元槽段，单元槽段两端标出坡道预埋钢筋的标高。钢筋网片加工组每加工一个钢筋网片，均需由技术人员持单元槽段预埋件布置图现场指导工人绑扎、焊接预埋件，并由质检员进行质量把关。

(4) 地板预埋钢筋 $\phi20$、$\phi22$ 按要求使用钢筋接驳器连接（见图 4-6），定位要求较高，施工中分别在钢筋网片上的地板上缘和下缘位置焊两道固定钢筋，将预埋钢筋焊结在此钢筋上，接驳器盖上塑料丝堵，外包塑料袋，伸出钢筋网片 65mm；在上下两排预埋钢筋的中间位置绑扎硬泡沫板作为预留的防水槽。

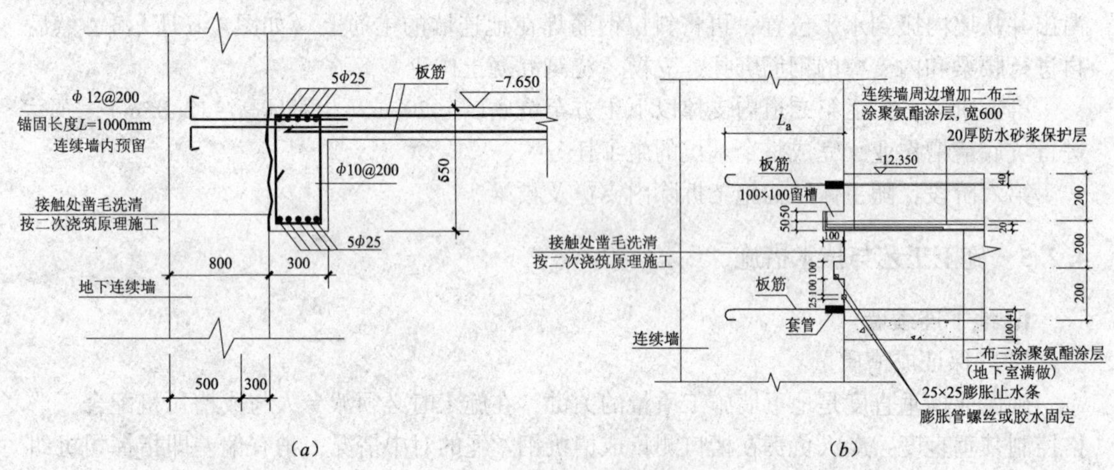

图 4-6 钢筋接驳器连接

(5) 各层楼板、坡道圈梁和腰梁、结构墙等预埋钢筋均按要求地下连续墙内外各留 30d，预埋钢筋在钢筋网片外伸出 60mm，然后向上弯折 90°，待基坑开挖后扳回。

(6) 距单元槽段两端 1～1.5m 处为导管插入的位置，此处的两组预埋钢筋可暂不作预埋，待基坑开挖后进行植筋，附近两侧的两组预埋钢筋伸入钢筋网片 10d 后弯折，以方便下放导管。

预埋件的准确定位，下放钢筋网片是关键。垂直方向上的定位可由测量人员在下放每一片钢筋网片时使用水准仪现场指导吊车师傅吊放，保证钢筋网片的第一道水平筋的标高控制在相对标高 -2.40m 的设计位置。水平位置的定位比较复杂，一般在加工槽段接头处的工字钢是将工字钢加宽至 500mm，同时将单元槽段钢筋网片的两端长度适当减小 55～100mm，在钢筋网片快要下放至设计深度时沿地下连续墙轴线方向微调钢筋网片，使单元槽段内的结构墙预埋件、暗柱等也同时到达设计位置。由于原设计600mm×600mm的暗柱很难保证定位准确，经设计院同意将暗柱断面加大至700mm×800mm，这样即使施工中暗柱稍有偏位，仍能与上部框架柱准确对接。

2. 内支撑系统

（1）根据已确定的现场总平面布置图搭设临建，接通临时水、电。区段地连墙完工后，凿掉地下连续墙灌注混凝土桩头，用仪器施放连梁及内支撑中心线、边线和底标高，并在场区四周周围作标记。人工挖出连梁及内支撑位置处土方，整平场地。

（2）当土方开挖离设计钢筋混凝土支撑面顶面10cm时，精确测量出混凝土支撑位置，采用挖槽法开挖支撑位置处土方，采用人工配合风镐开挖。开挖至钢筋混凝土支撑底面5cm以下，再用石屑铺平、夯实，底面，用早强M15水泥砂浆抹平底面和侧面。

（3）钢筋绑扎、支模：凿出围护桩和地下连续墙内的预埋钢筋，按照设计内支撑断面图，现场绑扎钢筋，支模，钢筋混凝土支撑梁和围檩梁的侧模利用拉杆螺丝固定，并在槽底纵向钢筋的下方垫钢筋保护块，以保证保护层厚度。

（4）浇筑混凝土、养护：混凝土浇筑之前先清理槽底的渣土和灰尘，为了方便拆除钢筋混凝土支撑梁及围檩梁，在浇筑混凝土时预留爆破孔。浇筑混凝土时，使用插入式振捣棒，振捣棒注意避开钢筋，同时离开模板至少100mm。顶面应防止地面水流入槽内污染泥浆。内支撑浇筑完成24h之后覆盖塑料薄膜养护。

3. 土方挖运

本工程土方开挖原则为配合内支撑施工，进行分层、分片、分段开挖，根据内支撑设计部位，机械挖至每层内支撑顶标高上200mm后，人工平整内支撑施工平台，施工内支撑，待混凝土达到设计强度后，再向下进行土方开挖。

（1）土方外运出口：第一层土方（冠梁层以上）开挖由场地西南角大门出土。第二层土方（冠梁层与腰梁层之间）开挖时，把场地中部的冠梁和内支撑填埋起来，形成宽约8m的马道。运土车由场地东南角大门进入，由场地西南角大门出场，基坑内土方由两台反铲挖掘机（一台坑内挖土，一台坑上装车）进行施工。开挖基坑北部腰梁层以下土方时，在场地东侧基坑外设置外马道，从东侧八字撑和直撑之间的3m地连墙上用一台反铲挖掘机进行装车；开挖基坑南部腰梁层以下土方时，在场地南侧基坑外设置外马道，从南侧的两个八字撑之间的6m地连墙上用一台反铲挖掘机进行装车，坑内最后的土方反铲挖掘机老不上来，可用长臂挖掘机装车。最后马道需用挖掘机来回碾压，并分层铺设500mm厚以碎黏土砖和碎混凝土块为主的建筑垃圾，碾压密实，过支撑梁处铺10mm厚钢板以保护支撑梁。坡道两侧安装安全防护栏，与基坑护栏封闭，并安装警示灯。

土方开挖方向为由北向南开挖，且土方开挖需紧密配合支护施工，根据各剖面段的要求分层开挖。槽底留200～300mm厚的土层人工配合清槽。

（2）土方外运路线

根据施工场区周围的环境情况，进场后联系卸土点位置，确定土方外运路线。堆放施工材料时注意避开，保证运输畅通，并与场区内外社会道路相接，形成场区内行车路线。

4.2.6 施工过程

（1）7月首先进行试桩的施工工作，三根试桩均要进入中风化砂砾岩层2m。试桩基本结束后，开始制作导墙，进行施测、放线、挖槽、绑扎钢筋、浇筑导墙混凝土等，两个月完成了北段和东段导墙的浇筑工作。

图4-7 槽段施工

10月9日，开始地连墙第一抓，10月10日开始浇筑第一个槽段。

（2）钢筋笼的起吊和入槽是一个关键工序（见图4-8）。由于钢筋网片重量大，起吊后翻身困难，加之经常一边有工字钢，一边无工字钢，造成起吊过程中的不平衡，容易发生安全事故。为此项目部召开专题会议，研究对策。首先针对每个网片正确选择吊点，三组吊点处各用一道水平钢筋进行加固，U形卡处严格保证焊接质量。其次，在起吊前分专人进行分项检查，分别检查吊车工作情况、钢丝绳有无割断或起毛、U形卡是否拧牢固、吊点位置是否正确、吊点强度是否加强、扁担焊缝、平整度有无变形、滑轮是否安装正确无变形等，填写检查记录表，各方会签确认后方可起吊；最后，在起吊过程中，设专人指挥，操作人员应按照指挥人员的信号进行作业，起重臂和钢筋网片下方严禁有人停留、工作或通过。

图4-8 钢筋笼入槽

（3）从11月20日至27日南京地区连续阴雨天气，场内地下水位上涨，由于E7槽段赋存较厚的一层淤泥质粉质黏土遭雨水浸泡向槽内蠕变滑移，而28日下放钢筋网片的大型起重设备在槽口施工时，造成支腿处局部应力集中，造成下放E7槽段钢筋网片时产生塌方。事故发生后，项目经理张亮标亲临现场，连夜组织抢险。采用两副共计80t的拔杆加地锚才将被塌方土体埋住的钢筋笼拔出。为防止出现新的塌方以及坑外道路和管线的正常运行，暂时将 E7 槽段予以回填。然后在距导墙 500mm 处插入钢筋网片，土中搅入干粉水泥和生石灰，填入塌方区，分层夯实，待其形成强度后再重新开始施工 E7 槽段。

（4）11 月 27 日，随着地连墙施工向南推进，北部留出了工程装的施工场地，围墙工期，项目部决定开始工程桩的施工，计划本周完成 7 根工程装的施工任务。这样，在这狭小的场地上地连墙和工程桩的施工同时穿插进行，高峰期有五台桩基、两台旋挖钻机、地连墙成槽机和两部吊车等大型机械同时施工，很难避免有打架的情况，但施工管理人员精心组织，统筹安排，基本上做到了互不干扰。至 12 月 20 日最后一段地连墙浇筑完毕，工地全面转入工程桩施工。

图 4-9 内支撑施工现场

（5）12 月 28 日工程桩施工南移，土方挖运机械进入北侧，将北边场地标高降到 -2.4m相对标高，同时开始破除该段地连墙桩头混凝土，接着内支撑施工队伍进场 30 多人，绑扎钢筋、支模，开始加工内支撑。

（6）2007 年 1 月 10 日，北侧工程桩和立柱桩已施工完毕，施工设备全部移到南部施工。为抢工期，土方开挖进场，先将北侧场地标高降至 -2.4m，破桩头立刻跟上，内支撑施工队施工北部的冠梁和内支撑，然后逐步向南推进。2 月 8 日开始第二次降土，把基坑内场地标高降至 -8.9m。

（7）内支撑施工先将标高 -8.9m 处地连墙凿毛，凿出墙内预留的腰梁钢筋，焊接腰梁的斜拉钢筋，铺设腰梁和第二道内支撑钢筋，然后浇筑混凝土，至 3 月底，腰梁和内支撑施工完毕，见图 4-9。

（8）当基坑南边的内支撑完成时，北侧内支撑已达到设计强度的 80%，紧接着最后一层土方挖运由北向南推进，4 月 20 日，整个基坑内标高降至 -12.85m。

（9）支撑拆除，根据水平支撑梁平面布置形式、施工流程、现场实际情况以及工期要求，内支撑和腰梁使用空压机拆除，以便保证基坑支护整体安全性，尽可能减少拆除过程中对基坑支护系统的振动和对周边居民的扰民和场区的污染。拆除过程与土建施工交叉作业，分北、中、南三个区域分段拆除，便于及时给土建单位提供作业面，以最大限度缩短支撑拆除时间。

2007 年 6 月 6 号在地下室底板全面浇筑完成并且达到设计强度的 75% 后，人员进场拆除第二道内支撑和腰梁。根据土建单位要求，先拆除基坑北部角撑和腰梁。拆除完毕后土建单位施工基坑北部的负一层底板，同时开始拆除基坑南部角撑和腰梁，为土建单位提供基坑南部的作业面。这一阶段基坑变形较大，这是由于下部支撑拆除后，地下连续墙承受基坑外土压力加大所致。为进一步减小基坑位移，基坑中部的腰梁和下层支撑一直等到 7 月 7 日南北两侧的负一层底板强度达到 70% 时才开始拆除。由于负一层底板的支撑作用非常明显，在这一阶段的拆除工作中基坑的位移变化很平稳。

在地下室负一层顶板全面浇筑完成并且达到设计强度的75%后，开始整体拆除第一道内支撑和冠梁。由于基坑已有两层楼板支撑，这一阶段基坑位移很小，只在基坑东北角产生了较大的位移，这是因为此处为汽车坡道位置，地连墙在此位置形成了高达3～7m的悬臂梁。

总体上看，该基坑所处场区地质条件和周边条件较复杂，但由于设计和施工得力，采用先进的，从而使整个基坑从开挖到地下室浇筑完毕，都未出现过险情。尤其是在拆除第二道支撑梁和腰梁时采取了分区拆除，及时施工负一层底板，取代支撑梁进行基坑支护的方案，使得基坑最大变形只有14.2mm，比采用m法计算的基坑位移小了很多（理正程序计算最大位移为30.17mm）。基坑始终在安全状态下运行，是一个成功的基坑支护工程。

4.2.7 事故处理——E7槽段塌方处理及施工方案

11月28日夜晚，施工东侧连续墙E7槽段，下放钢筋网片时基坑侧导墙以内出现局部塌方，见图4-10。塌方区长6m左右，宽约2.5m，深约7m，钢筋网片埋入槽内8m长，现E7槽段钢筋网片已经拉出，槽段及塌方区已经填埋，正在采取后续措施。

（1）事故原因

东侧连续墙两次出现险情的原因主要是有局部地层、连续阴雨天气等原因。具体分析如下：

1）地层原因，发生险情的主要原因是该处地层中－4.82m～－8.02m处赋存一层淤泥质粉质黏土，具有较强流塑性，从拔出来的钢筋网片上的泥巴可以看出笼上部2m粘有黄泥土，其余均为青灰色淤泥土，另外从抓斗在此地层段抓出的渣土和其气味、以及上部砖扎铺路经重型设备碾压下陷，可证明此段确实存在厚达3m多的较强流塑性淤泥土层。

2）天气原因，险情发生前，从11月20日～27日南京地区连续阴雨天气，场内地下水位上涨，造成东南侧原旧房基拆除后回填压实土经雨水长时间浸泡，导致上部地层黏聚力减小，回填土层塑性增强，槽段开挖后坑内淤泥质土向槽内蠕变滑移，以致带动上部土体局部塌方。

3）施工原因，由于下放钢筋网片的大型起重设备在槽口施工，造成局部应力集中，客观上诱发了塌方的产生。

图4-10 塌方现场

总体分析，地层原因是主导，天气因素是背景，加上预防措施不到位，导致E7槽段事故的发生，耽误了工期，造成了不少的经济损失。

（2）处理措施

1）紧急抢险

E7槽段塌方后，首先拔笼，由于钢筋笼被埋入7m，先使用一台50t履带吊和一台16t

汽车吊起拔，直至16t吊车钢丝绳断，后紧急调入一台50t汽车吊和现场履带吊同时起拔未果，为了安全起见，决定把上部外露导墙达14m之多的钢筋网片割断，并于29日晚采用两副共计80t的拔杆加地锚才将被塌方土体埋住的钢筋笼拔出。为防止出现新的塌方以及坑外道路和管线的正常运行，暂时将E7槽段予以回填。

2）槽段外围土体加固

下一步准备在导墙外原塌方处进行加固处理。挖出导墙外围的新填土，进行局部降水，然后在距导墙500mm处插入钢筋网片，网片后侧沿导墙每隔0.3m插入一根10m长钢管，在土中搅入干粉水泥和生石灰，填入塌方区，分层夯实，并进行加固，待其形成强度后再重新开始施工E7槽段。

3）E7槽段钢筋网片

鉴于拔出来的E7槽段钢筋网片上部长度达15m多，且大量预埋件已布置完毕，我项目部建议充分利用上半段网片，在其下方重新焊接下半段钢筋网片，主筋搭接保证满足规范要求，同时希望监理工程师从工期考虑给我部的此项工作予以支持。

4）重新施工E7槽段

在其他槽段施工完毕后，重新施工E7槽段，见图4-11。再次施工E7槽段需采取以下措施：①严格按照施组要求配置泥浆，回收的泥浆须经过除渣等处理后才能重新投入利用；②槽段开挖须轻抓慢抓，密切观察槽壁的稳定性；③成槽后立即刷槽、清槽、下钢筋网片并进行灌注，尽量减少槽壁裸露时间。

图4-11　重新施工槽段

5）东侧导墙偏移

地下连续墙的施工从北侧开始，然后西侧，东侧，最后南侧。由于场地东侧地表淤泥质土层较厚，大型起重设备和混凝土罐车经常在东侧来回碾压，导致已经做好的东侧导墙被挤向外侧，甚至有两处靠内侧导墙产生裂纹和变形。这一现象直到在施工E9槽段时钢筋笼被导墙卡住，不能下入槽内时才发现。为处理这一事故，槽口内架起两个千斤顶，把导墙顶开后才将钢筋网片下入槽内。

4.2.8　施工成果

本工程主体结构至今已全部竣工，从开挖后的地下连续墙看，用作三墙合一的地下连续墙，在做好地下结构防水的情况下，完全能满足三墙的要求。而地下连续墙用作结构墙的关键在于能否成功防止地下连续墙产生渗漏，要解决地下连续墙渗漏的问题关键是解决好地下连续墙槽段间的接缝渗漏。因此在设计上在选用合适的接头形式同时，在墙体施工时防止接头的渗漏，施工地下结构时选择合适的防水技术，是保证地下连续墙用作三墙合一的质量保证。

在施工中为保证地下连续墙具有良好的隔水防渗效果，主要从以下几方面进行控制：

（1）在成槽施工中，应保证单元槽段两端部位的垂直度要求；使相邻槽段偏斜相近。

（2）吊放钢筋网片前，认真仔细地做好槽段接头端面的刷壁工作。若有绕流进的混凝土，一定要在混凝土凝固前清理干净。吊放刷壁器进行刷壁，若有外伸的“胡子筋”还应注意“胡子筋”的清理。

（3）为保证墙体接头的完整性，防止接头板变形及混凝土侧向绕流，在下放钢筋网片时，应严格控制好工字钢接头板下放垂直到位；在进行槽段混凝土灌注时，应在接头板外侧设防绕流钢筋。

（4）成槽后，应及时灌注混凝土，防止因槽段侧壁土体发生局部坍落，使护壁泥浆或泥混入混凝土中，造成地下连续墙墙壁内存有泥夹层。

对于因施工造成的局部渗漏水部位，采用针式注射器高压注射防水材料（如聚氨酯等），然后清除墙体表面浮浆后，在墙体外刷涂一层防水渗透结晶材料 + 防水砂浆，起到了较好的防水效果，见图 4-12。

图 4-12　墙体刷完防水材料后的表面状况

实践证明，采用三墙合一地下连续墙，大大降低了地下工程的建设成本，而且充分利用了场地空间。在施工方面，当墙底设置在适当的隔水土层中时，可大大减少降水施工费用，而且工效快，工期短，在目前地下工程防水技术日趋成熟的条件下，地下连续墙完全可以用于地下支护墙、地下室外墙、结构承重墙的“三墙合一”墙。

4.3　天津津塔二墙合一地下连续墙结构施工案例

4.3.1　工程概况

津塔项目位于天津市城区中心地段的和平中心商业区，建筑面积 30 万 m^2，为顶级国际化商务办公楼，主塔楼地上 75 层，地下 4 层，高约 336.9m，建成后将成为该区域乃至整个天津的地标式建筑，成为“京津第一楼”，并在世界已建成的摩天大楼中排名第 17 位。西楼大约高 100m，包括五星级酒店、高档公寓以及高档住宅等，裙楼包括餐饮、金融、商业等配套设施，津塔工程效果图如图 4-13 所示。

津塔工程是目前华北地区在施的最高建筑，是目前世界上采用纯钢板剪力墙体系的最高建筑、是国内首次采用顶升混凝土浇筑工艺的超高层建筑。津塔工程在建设过程中创造了多项第一，即它是天津地区钢结构体量最大的工程、直径最大的巨型钢管柱工程、高强度混凝土泵送高度最高的工程、基坑开挖深度最深的工程、基础桩及地连墙施工长度最长的工程、基坑支护结构（内支撑）截面及工程量最大的工程、厚度最大的基础底板工程。津塔工程配置的双层轿厢电梯系统、玻璃幕墙与主体结构同步安装为天津建筑业首例。

图 4-13　津塔工程效果图

特别地，其基坑面积 $19764m^2$，基坑开挖深度达 -32.1m。工程整体采用顺作法。周边围护结构采用两墙合一的地下连续墙和双圆环钢筋混凝土内支撑体系，支撑立柱采用钻孔灌注桩内插角钢格构柱形式。止水帷幕和基底加固采用高压旋喷桩，解决了基坑抗渗和土体加固问题；大小环岛式土方开挖技术配合旋转坡道，解决了土层软且基坑开挖深度深问题；支撑结构“闷拆”保证了主体结构正常向上施工；信息化手段可保证及时调整施工方案，保证超大、超深基坑安全稳定施工。

本工程塔楼周边采用 1.0m 厚的地下连续墙作为开挖阶段的围护结构，正常使用阶段作为地下室结构外墙。公寓周边采用 0.8m 厚两墙合一的地下连续墙。地连墙总延长米约为 612m，共分为 A、B、C 和 D 四种槽段，共 111 幅。槽段之间采用锁口管柔性施工接头，接头外侧设置高压旋喷桩作为接头止水措施。

各类槽段信息如表 4-2 所示：

槽段信息　　　　**表 4-2**

槽段	类型区域	标高范围	槽段深度（m）	槽段厚度（mm）	幅数
A	塔楼区域	-3.000 ~ -46.200	43.20	1000	33
B	公寓区域	-3.000 ~ -35.600	32.60	800	27
C	北侧纯地下室区域	-2.500 ~ -34.600	32.10	800	23
D	南侧纯地下室区域	-3.300 ~ -34.600	31.30	800	28

4.3.2 工程地质和水文地质条件

1. 工程地质

根据天津市勘察院提供的本工程《岩土工程勘察报告》和《天津津塔基坑支护设计方案》。本场地地势起伏较大，建场地位于海河南岸，原为低洼地，后建起厂房、住宅等，现原有建筑已基本拆除，局部地势有所起伏。

各土层的土性特征如下：杂、素填土（1a），1.00～2.00；淤泥（2），0.80～1.30；黏土（3a），0.50～1.50；粉质黏土（3b），1.50～2.30；粉质黏土（4），7.30～8.00；粉质黏土（5），1.20～1.50；粉质黏土（6）；粉土（7a），6.80～8.20；粉质黏土（7b），2.50～4.30；粉土（7c），1.00～2.00；粉质黏土（8a），2.5～10.1不均；粉土（8b），0.9～7.5不均；粉质黏土（8c），4.70～5.50；黏土、粉质黏土（9），3.20～3.70；粉质黏土（10a），2.20～3.20；粉土（10b），3.70～4.90；黏土、粉质黏土（10c），9.80～10.80；粉砂、粉土（10d），4.30～5.30；黏土、粉质黏土（11a），4.00～5.00；粉砂、粉土（11b），10.80～12.40；黏土、粉质黏土（11c），5.60～6.70；粉砂、粉土（11d），7.00～7.80；黏土、粉质黏土（11e），8.00～10.50；粉砂、粉土（11f），8.00～9.50；黏土、粉质黏土（11g），5.80～7.80；粉砂、粉土（11h），8.00～8.20；黏土、粉质黏土（11i），未穿越。

2. 水文地质

（1）含水岩组的划分

根据地基土的岩性分层、室内渗透试验结果，场地标高－44.00m以上水文地质岩组可划分为1个潜水含水岩组和2个承压含水层。

1）潜水含水岩组：埋深约16.00m（标高约－12.00m）以上人工素填土、粉质黏土、黏土等，一般属微透水层。

2）第一微承压含水岩组：埋深约50.00m，以上可划分2个承压含水层。

① 第一承压含水层：以上更新统第五组陆相冲击层上部粉土、粉砂（7a）为主要含水层。

② 其下的上更新统第五组陆相冲击层下部粉质黏土（7b）和上更新统第三组陆相冲击层上部粉质黏土（8a），属不透水层，可视为第一承压含水层的相对隔水底板、第二含水层的相对隔水顶板。

③ 第二承压含水层：以上更新统第三组陆相冲击层中部粉土（8b）为主要含水层。

④ 其下的上更新统第三组陆相冲击层下部粉质黏土（8c）属不透水层，可视为第二含水层的相对隔水底板。

（2）地下水位情况

1）钻孔实测水位：

初见水位埋深2.50～4.20m，相当标高0.42～0.21m；

静止水位埋深1.90～3.60m，相当标高0.92～0.80m。

2）抽水试验实测水位：

潜水：水位埋深约2.20m，相当标高0.76m，水位随季节有所变化，一般年变幅在0.50～1.00m左右；

承压水：埋深约 35.00 ~ 43.00m 段 8b 层承压水静止水位埋深 4.80m，相当标高 -0.26m，承压含水层顶板埋深 36.50m，承压水头高度 31.70m。

4.3.3　工程特点、重点和难点

（1）体量大：工程总建筑面积 330000m²，基坑总面积 19764m²。基坑施工工期紧，特别是塔楼部分，如果要满足塔楼区域基坑地下连续墙、基坑围护桩、工程基础桩同时施工，短期内产生庞大的劳动力需求和巨大的材料、设备、工具需求。因此需要有强大的劳务分包和生产组织保障，以及高效快捷的物流系统。

（2）施工工法多、工序复杂，塔楼区域与公寓纯地下室区域基坑均存在较多的交叉作业，相互间影响干扰大，施工关系复杂，合理组织与规划现场施工对整个工程的顺利进行具有特别重要的意义。

（3）无施工场地：现场围墙及地下连续墙均几乎是沿着红线施工，工程周边除有一条可供人员行走的道路外，没有可以利用的临时施工场地，对于工程施工中必要的大型施工机械、工具堆放、钢筋加工、泥浆池等布置，提出了前所未有的挑战。

（4）本工程地下连续墙围护结构既是基坑支护结构的一部分，也是本楼地下室外墙的一部分，考虑到承压水的问题，最终地连墙设计深度达到 43.2m 左右，因此从施工技术上对地下连续墙的施工提出了较高要求，特别是以下几个方面：

1）地下连续墙深度大，单一槽段灌注时间长，厚度大，所需锁口管直径大，长度长，摩阻力大，起拔困难，需采用更大级别的顶升机。

2）地下连续墙深度大，厚度大，单位槽段钢筋笼自重大，钢筋笼的起吊和安放困难。

3）两墙合一的地下连续墙设计方案对连续墙的垂直度、槽段之间的密封性要求高，节点、预埋件的位置必须准确。

4）单位槽段施工周期长，槽壁的稳定性要求高。

（5）塔楼与公寓纯地下室区域存在大量的基础桩，桩长深，并且桩上部盲孔长达 20m，从地面对基础桩的定位难度大，孔深精度控制要求高。

（6）场地地下水丰富、地层条件变化大，在基坑开挖过程中，除在坑内进行轻型井点降水外，采用多滤头真空降水，以确保降低现场水位，保证水位离坑底 0.5 ~ 1.0m 以下。

（7）基坑面积大，支撑作业复杂，场地紧张，严格控制基坑开挖引起的变形。

（8）塔楼顺作法与纯地下室逆作法工序转换复杂。

4.3.4　地下连续墙施工设计方案

本工程选用地下连续墙作为周边的基坑围护结构兼作永久使用阶段的地下室结构外墙，为两墙合一的地下连续墙。地下连续墙总延长米为 612.0m，墙厚分别为 1000mm 和 800mm，混凝土强度等级为 C30，抗渗等级 S10。其中塔楼区域采用 1000mm 厚的地下连续墙作为基坑围护结构，插入深度为 18.0m，有效长度最深为 43.2m。纯地下室和公寓区域周边采用 800mm 厚地下连续墙，地下连续墙的插入深度均为 16.0m，根据纯地下室和公寓区域开挖深度的不同，地连墙的有效长度不同，公寓区域为 32.6m，纯地下室南侧、北侧区域均为 32.1m 和 31.3m，见图 4-14。

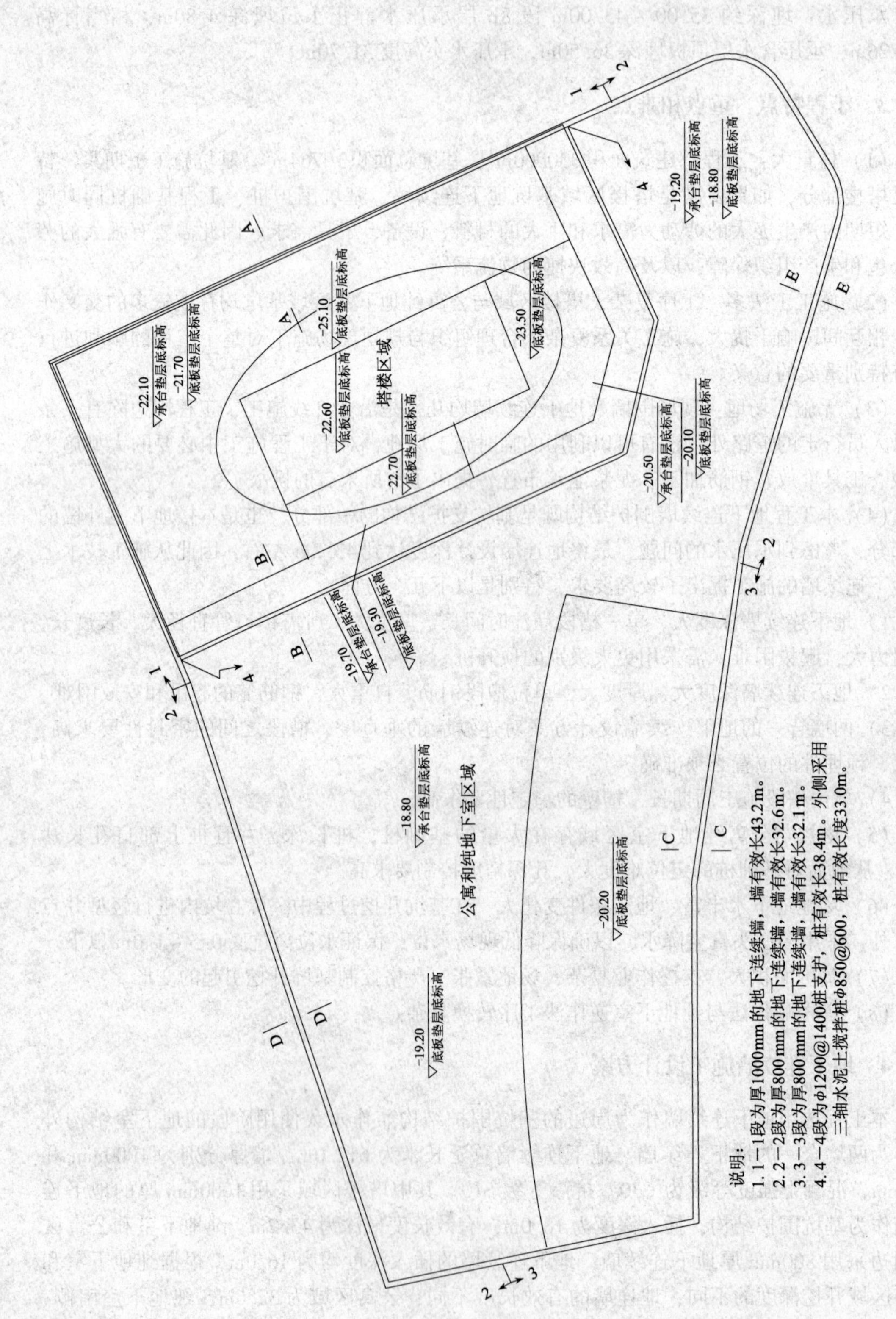

说明:
1. 1—1段为厚1000mm的地下连续墙，墙有效长43.2m。
2. 2—2段为厚800mm的地下连续墙，墙有效长32.6m。
3. 3—3段为厚800mm的地下连续墙，墙有效长32.1m。
4. 4—4段为ϕ1200@1400桩支护，桩有效长38.4m。外侧采用三轴水泥土搅拌桩ϕ850@600，桩有效长度33.0m。

图4-14 基坑平面布置图

1. 基坑支护设计方案简述

本工程基坑面积达 19764m^2，开挖深度在 19.0～22.0m，最深达 -32.1m，地下连续墙墙厚为 1000mm 和 800mm，混凝土强度等级为 C30。为加快塔楼部分的施工速度，本基坑支护分二部分，塔楼区域基坑和公寓与纯地下室区域基坑，即塔楼顺作结合纯地下室和公寓逆作的方法进行施工。基坑周边全部采用两墙合一的地下连续墙作基坑围护结构，该墙兼作地下室结构外墙的一部分。为最快完成塔楼的地下结构施工，将塔楼区域基坑设置临时围护结构与纯地下室区域基坑进行隔断，形成塔楼区域的围护结构，该区域内采用顺作法施工，坑内设置临时内支撑，先撑后挖至基底标高后及时浇筑基底垫层并进行基础底板的施工，再向上施工塔楼各层结构梁板，边施工结构构件边拆撑，直至塔楼地下结构施工结束。

塔楼地下结构完成并进入上部结构施工后，再进行纯地下室和公寓区域的地下结构逆作施工。利用纯地下室的地下结构梁板体系替代临时支撑，由上到下逐层施工各层结构梁板，其间进行纯地下室土方的开挖工作。逆作区域与顺作区域的每层结构梁板贯通时，逐层拆除中间的临时隔断围护桩。逆作区域开挖至基底后，施工基础底板。完成整个地下室施工。

（1）塔楼区域基坑支护方案

本工程塔楼区域单独围护后，采用顺作法先行施工。周边围护结构由北侧和西侧的地下连续墙与基地内部的临时隔断围护体组成，临时隔断围护体采用钻孔灌注排桩结合单排三轴水泥土搅拌桩止水帷幕组成，见图 4-15（*a*）、（*b*）。其支撑为三道钢筋混凝土支撑，支撑立柱采用钻孔灌注桩内插钢格构柱形式。

（2）公寓与纯地下室区域基坑支护方案

公寓与纯地下室区域采用逆作法施工。在塔楼进行地下结构施工期间，进行该区域的地下连续墙、一柱一桩以及内部工程桩的施工。在塔楼区域地下结构施工结束进入上部结构施工以后开展该区域的地下结构逆作施工(见图 4-16)。

2. 土方开挖方案

本工程塔楼区域土方开挖原则为配合内支撑施工，进行分层、分段开挖，根据内支撑设计部位，超挖不超过 0.5m 作为内支撑施工平台，待混凝土达到设计强度后，再向下进行土方开挖（见图 4-17)。

公寓与纯地下室楼区土方开挖原则是为减少因基坑开挖而对周围环境产生的影响，逆作施工阶段浇筑地下室各层结构之前，采用基坑周边设置一定宽度的留土平台，盆式开挖中部区域的挖土方式。每层结构梁板贯通后进行土方开挖，基坑周边开挖至下层结构梁板标高，边坡留土不少于 10m，临时放坡坡度不大于 1：1.5，放坡高度不超过 3.0m，下层结构梁板施工时，周边可采用土胎模，中部开挖后的土方上可搭设排架支模。

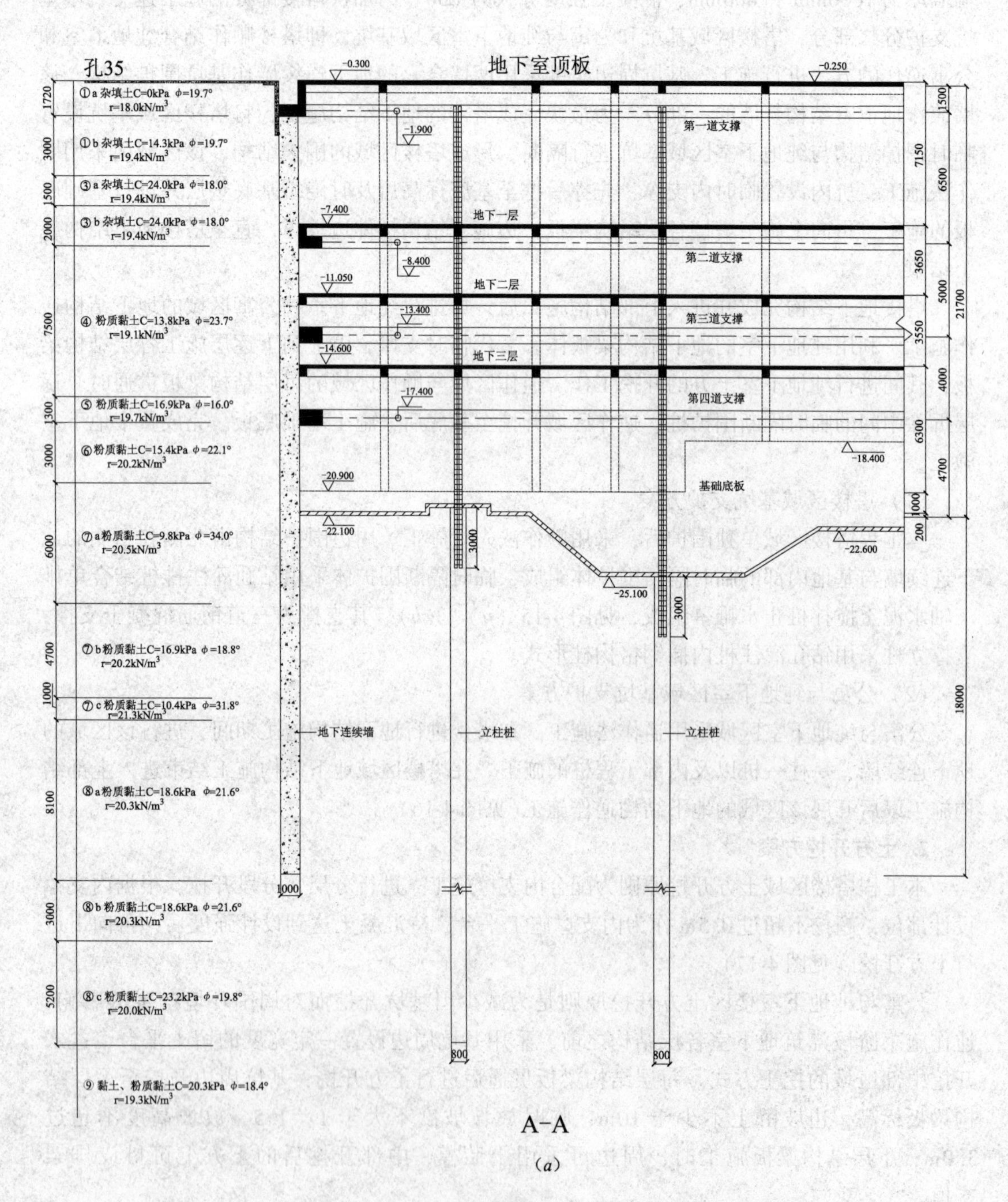

图 4-15 塔楼区域基坑支护断面图

（*a*）塔楼地墙侧

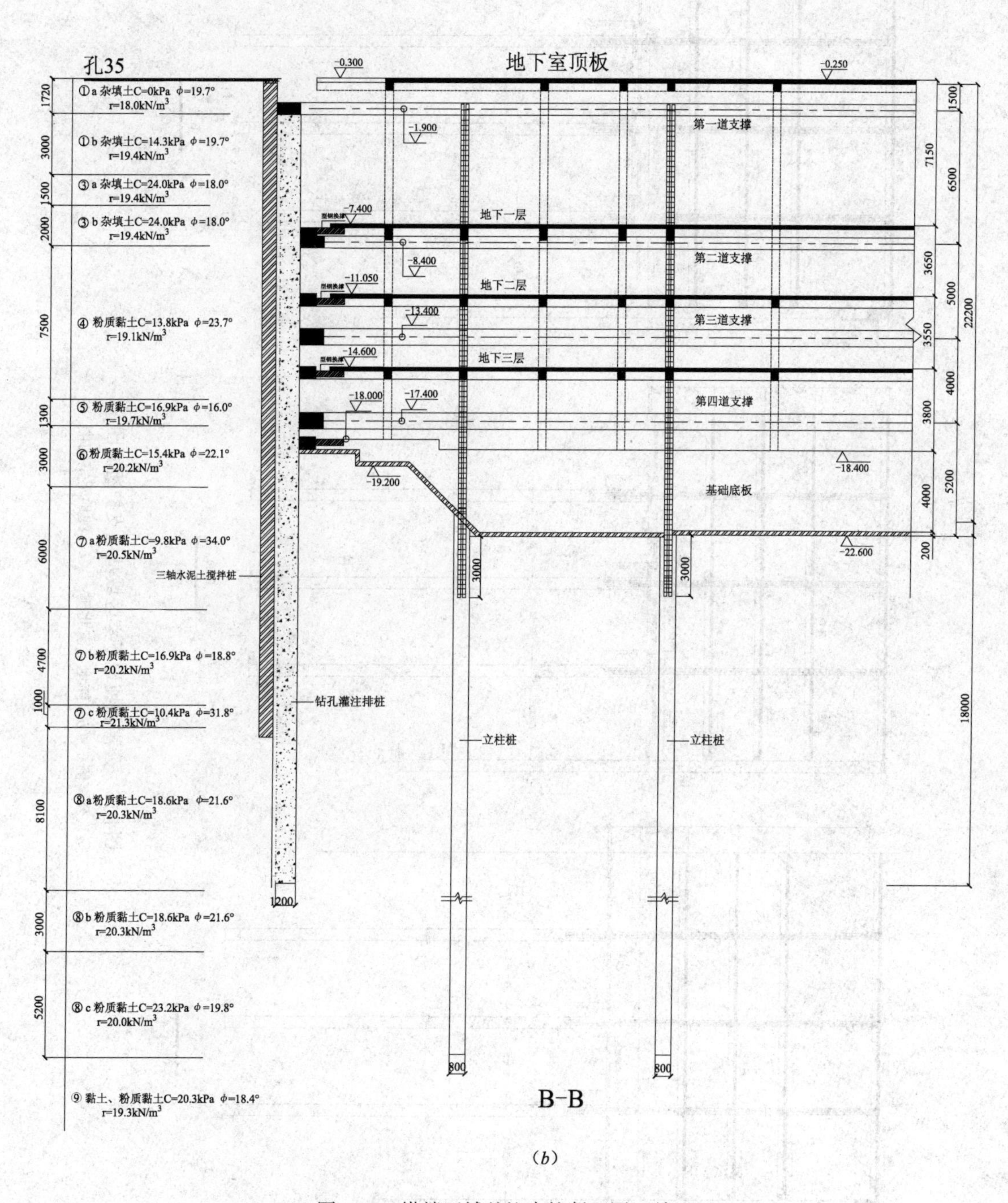

(*b*)

图 4-15　塔楼区域基坑支护断面图（续）

（*b*）塔楼临时围护侧

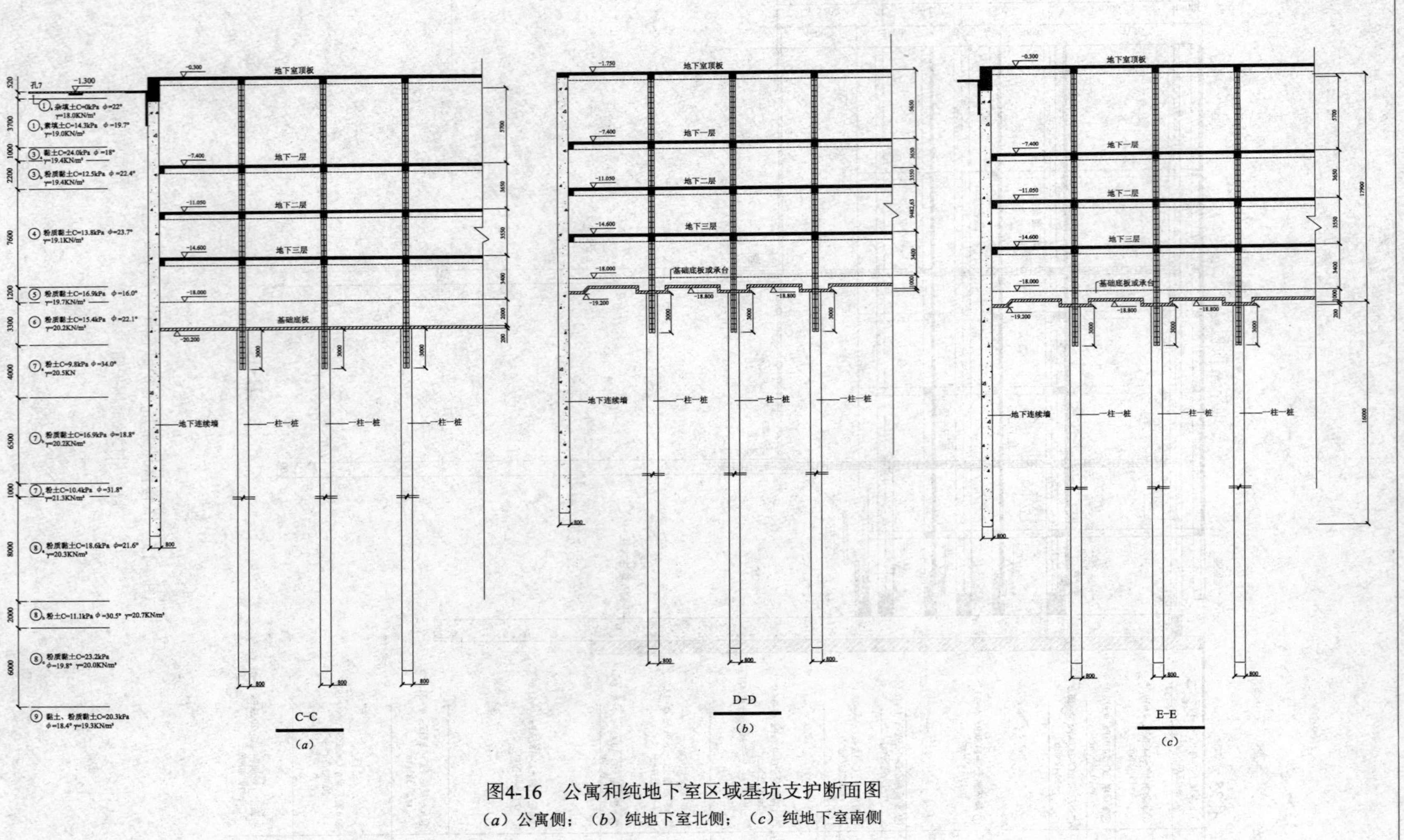

图4-16 公寓和纯地下室区域基坑支护断面图

(a) 公寓侧；(b) 纯地下室北侧；(c) 纯地下室南侧

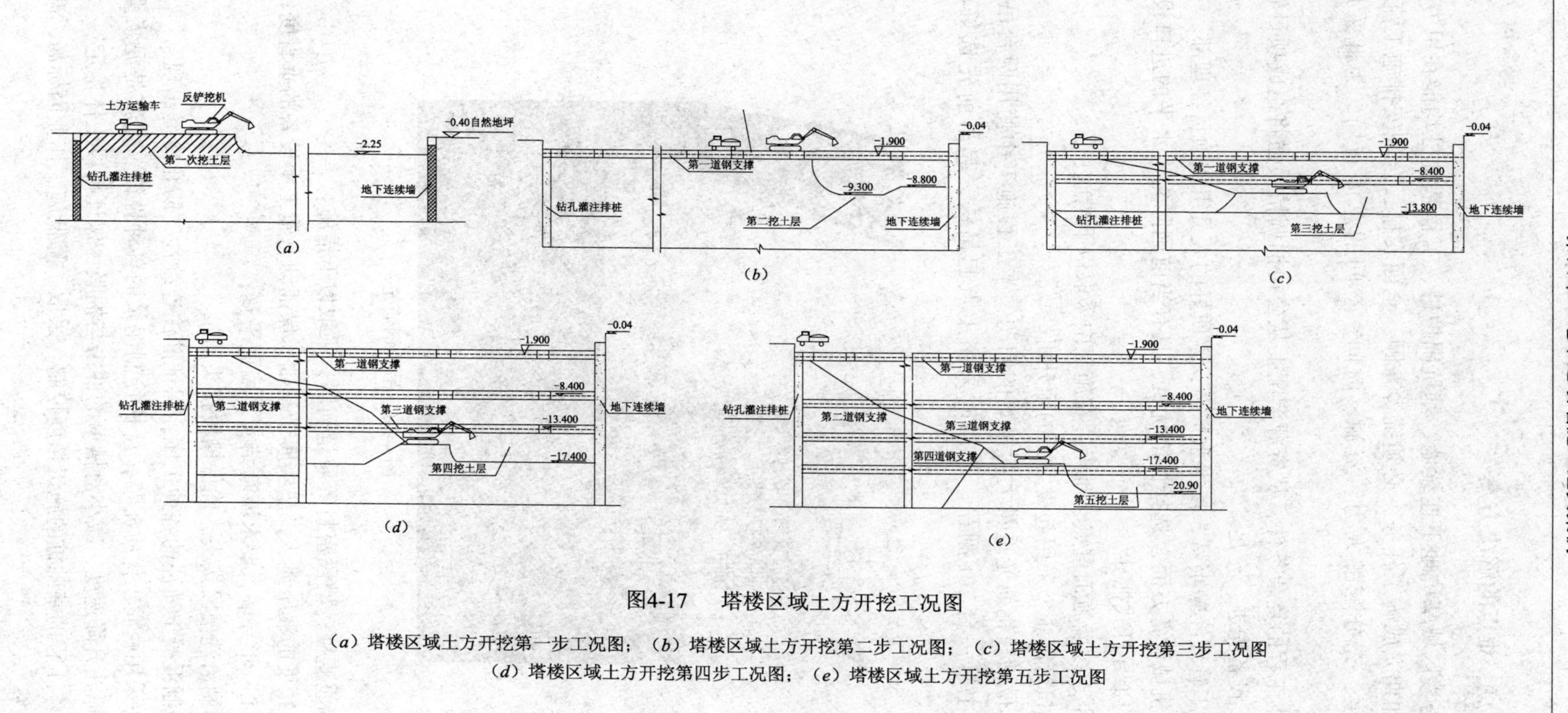

图4-17　塔楼区域土方开挖工况图

（*a*）塔楼区域土方开挖第一步工况图；（*b*）塔楼区域土方开挖第二步工况图；（*c*）塔楼区域土方开挖第三步工况图
（*d*）塔楼区域土方开挖第四步工况图；（*e*）塔楼区域土方开挖第五步工况图

4.3.5 工程重点、难点的解决方案

为了确保塔楼区域基坑地下连续墙、基坑围护桩、工程基础桩均能在甲方要求的时间段内保质、如期完成施工任务，必须统筹兼顾，全面安排，合理安排施工流水，提高工序间的插入度，充分酝酿人力、资源、时间、空间的总体布局。为此采取了以下措施：

（1）针对本工程的复杂条件，从资源调配上从公司抽调精兵强将组成项目管理队伍，做到人员精良，设备先进、充足。

1）选用施工管理经验丰富，技术水平高，素质好的人员组成项目经理部。

2）在施工机械设备方面，选择性能优良，具有当前国际先进水平的进口设备——意大利土力公司的半导杆式抓斗。

（2）对地下连续墙施工重点、难点，在施工中采取以下措施：

1）起拔锁口管困难：采用起拔力大的顶升机。

2）对于单位槽段钢筋笼重量大起吊难的问题，本工程施工中使用两台吊车同时起吊，一台150t主吊一台70t副吊。起吊时采用十点起吊法，起吊前先选好吊点（见图4-18）。

图4-18 吊放钢筋笼

3）连续墙垂直度、槽段密封等质量问题，采取以下措施：

① 选用高精度的液压抓斗，垫实履带基础，保证动态施工中设备的垂直度；

② 采用“L”形导墙，要求墙基结实，墙面平整；

③ 采用钢刷清洗槽段接头，确保槽段接头质量；

④ 严格控制混凝土灌注的各种工序，保证灌注连续性，防止冷缝出现。

4）施工中采用膨润土优质泥浆，严格控制泥浆的各种性能，尤其是泥浆重度和失水量；合理控制抓斗升降速度，减小对槽壁的冲击与抽吸，保证槽段土体稳定。

（3）对于本工程的基础桩的施工精度控制：采取了降低施工作业面标高，减少盲孔长

度，提高成桩精度；钻孔灌注桩采用转盘钻机引孔，潜水钻机成孔；预制桩采用钢管送桩器，开挖土方时，回收利用。

（4）严格控制成槽深度和成槽质量，灌注前确保沉渣厚度小于10cm，保证钢筋笼下放到设计标高。

（5）合理组织与规划公寓与纯地下室区域各层的土方开挖，采用小型反铲和小型土方运输车，减少人工挖土，提高施工效率；合理布置首层结构梁板上的车辆运行路线，并对基坑内部进行暗挖施工的挖土机和土方提升机具进行合理安排布置，处理好与各层梁板结构施工的关系。

（6）临时围护结构与主体结构连接节点，严格按设计要求布置内插型钢，待结构强度达到设计要求后，分段拆除临时围护结构。

（7）充分利用现有设备，降低搅拌桩施工作业面标高，缩短搅拌桩长度。

4.3.6　施工流程安排

1. 总体流程

根据本工程工况和基坑施工顺序，首先施工塔楼区域基坑顺作法施工，在塔楼区域地下结构施工同时，进行公寓与纯地下室区域的基坑施工，塔楼区域地下结构施工完成进入上部结构施工后，再进行公寓与纯地下室区域的地下结构逆筑施工。其施工总体流程见图4-19。

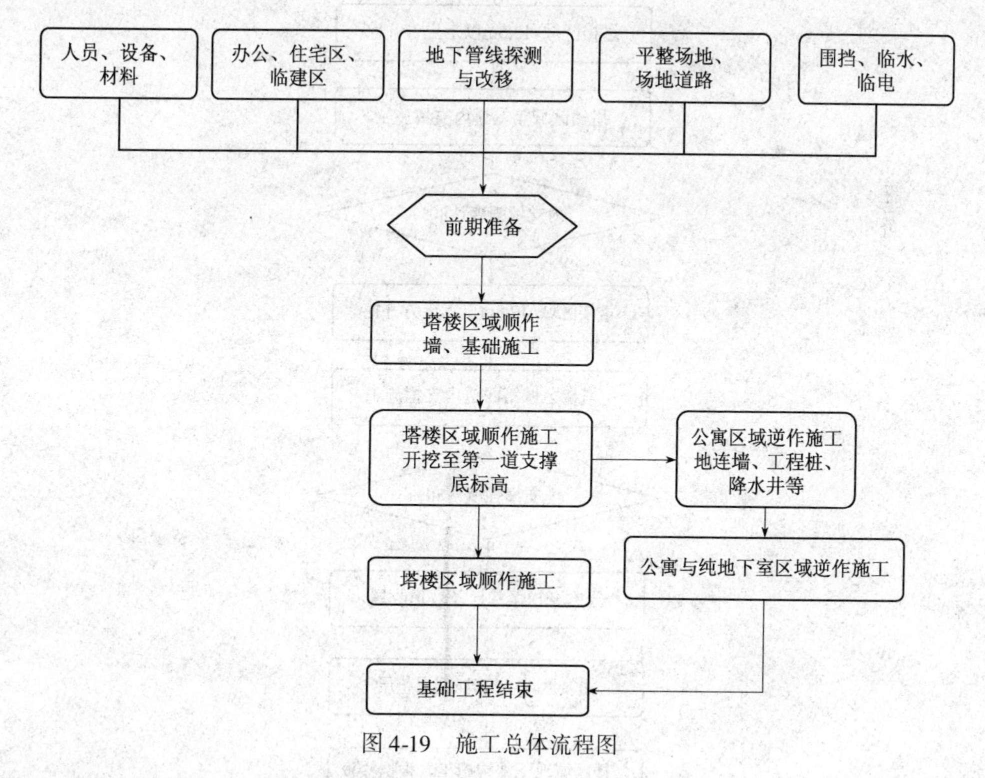

图4-19　施工总体流程图

2. 塔楼区域基坑顺作法施工流程

塔楼区域顺作法施工流程参见图4-20。

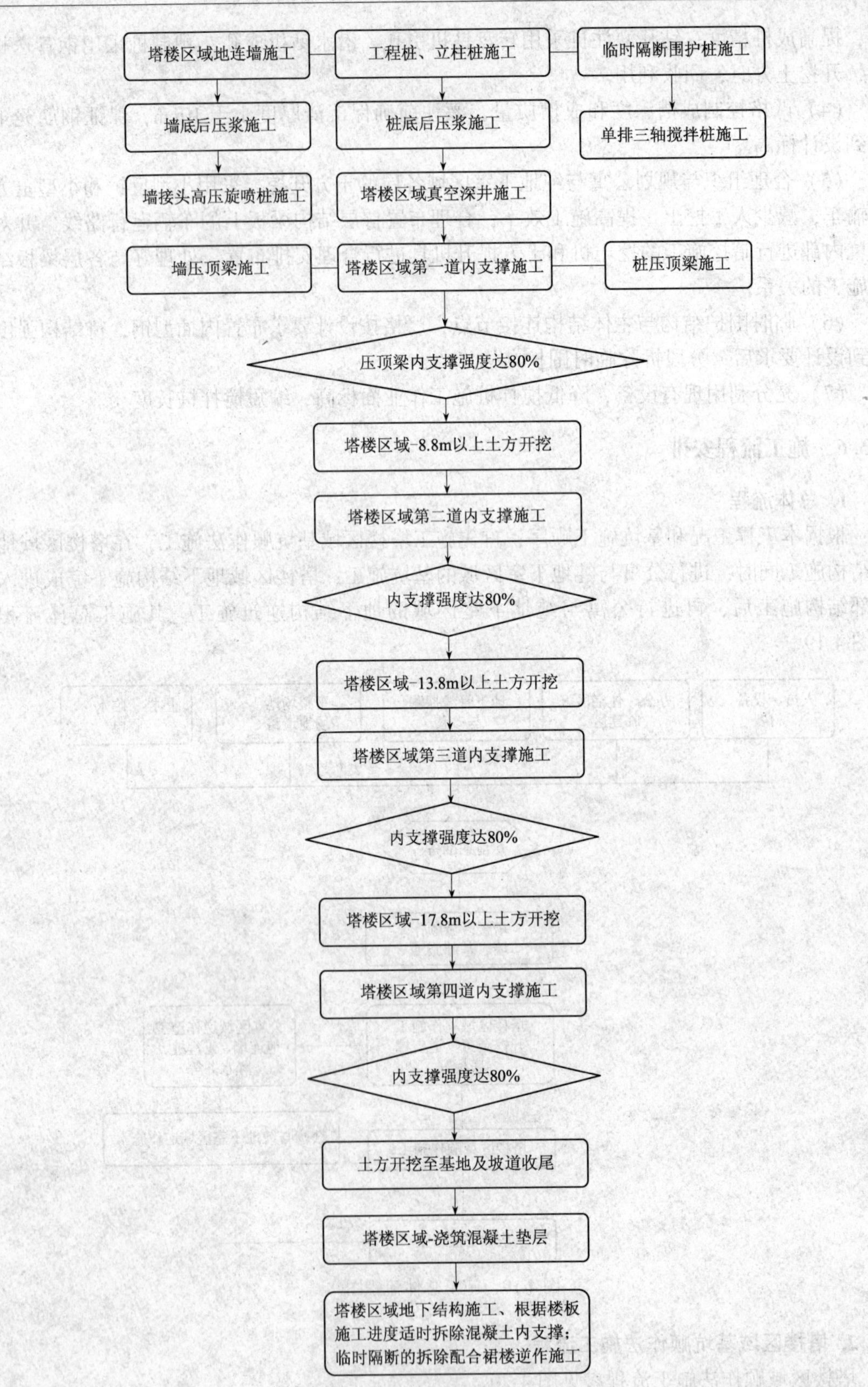

图 4-20　塔楼区域顺作法施工流程图

3. 公寓与纯地下室区域逆作法施工流程

公寓与纯地下室区域逆作法施工流程见图4-21。

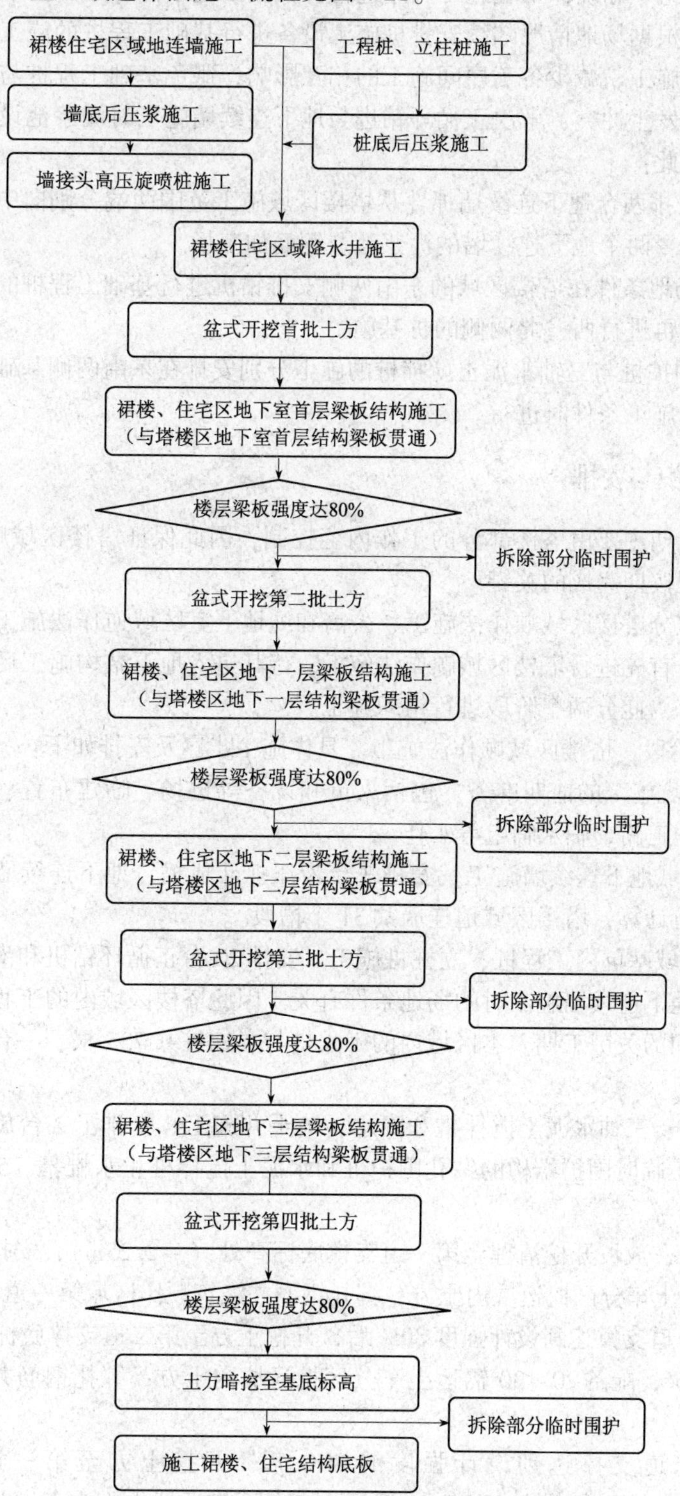

图4-21　公寓与纯地下室区域逆作法施工流程图

4. 施工顺序安排

为便于施工组织和确保工程施工有序进行，根据场地条件和工期要求，在安排地下连续墙施工同时，根据场地情况陆续安排桩施工设备进行基础工程桩的施工，分区分块进行使塔楼区域内的施工，减少各工序间施工的相互影响，避免基础工程桩与地下连续墙施工时场地使用方面发生冲突，解决正循环钻进与地下连续墙施工时泥浆池设置、废浆渣土存放处理问题。为此：

(1) 首先安排两台地下连续墙抓斗从塔楼区域施工范围两端分别向中间进行施工，并在场区内分别设置两个地下连续墙的泥浆池及钢筋加工场。

(2) 根据场地条件在塔楼区域的东南两侧安排钻机进行基础工程桩的施工，在地下连续墙施工完成后再进行西、北两侧的桩基施工。

(3) 临时围护桩与三轴水泥土搅拌桩的施工分别安排在东南两侧基础工程桩施工过程中满足旋挖钻进施工条件时进行。

4.3.7 施工组织与安排

本工程总工期主要由塔楼部分的工作内容控制，因此保证塔楼区域顺作法施工工期，是保障整个工程按期完成的关键。

本基坑工程分塔楼区域顺作法施工、公寓和纯地下室区域逆作法施工。根据二区域施工的先后顺序，首先进行塔楼区域顺作法施工，待其进入地下结构施工后进行施工公寓区域逆作法施工。为此分两个阶段进行组织施工。

(1) 第一阶段：塔楼区域顺作法施工。具体施工步序及安排如下：

1) 整个基坑施工的前期准备。包括人员和设备等进场、临建布置、场地地下管线探测与改移、场地道路、临水临电等工作。

2) 塔楼区域地下连续墙施工。安排 3 台液压抓斗成槽，地下连续墙施工一台设备按二天一槽段进行计算，塔楼区域地连墙共 31 个槽段。

3) 塔楼区域基坑内工程桩、立柱桩施工。安排 20 台正循环钻机和潜水钻机进行昼夜施工；由于与地下连续墙施工时的场地条件有关，因此塔楼区域内的工程桩施工工期将是该区域施工期间的关键工期。本区域内的工程桩与立柱桩共 735 根，一台设备平均二天可完成一根桩。

4) 围护桩、三轴水泥土搅拌桩和降水、疏干井施工。安排了 2 台旋挖钻机和 5 台三轴搅拌桩机施工临时围护结构的钻孔围护桩和水泥土搅拌桩止水帷幕，5 台反循环钻机施工降水井。

5) 凿墙头，放坡开挖清理至第一道支撑底标高处（-2.25m），安排了 2 台反铲，配备 20~30 辆运土车分区挖运坑内土方；绑扎钢筋并浇筑顺作区域第一道支撑。

6) 待第一道支撑达到设计强度 80% 后，开挖土方至第二道支撑底标高处(-8.80m)，安排了 3 台反铲，配备 20~30 辆运土车分区挖运坑内土方；绑扎钢筋并浇筑顺作区域第二道支撑。

7) 待第二道支撑达到设计强度的 80% 后，开挖土方至第三道支撑底标高处(-13.80m)，安排 3 台反铲，配备 30 辆运土车分区挖运坑内土方；绑扎钢筋并浇筑顺作区域第三道支撑。

8）待第三道支撑达到设计强度的80%后，开挖土方至第四道支撑底标高处（-17.80m），安排3台反铲，配备30辆运土车分区挖运坑内土方；绑扎钢筋并浇筑顺作区域第四道支撑。

9）待第四道支撑达到设计强度的80%后，开挖土方至基底标高处（-25.10m），安排3台反铲，配备40辆运土车分区挖运坑内土方；施工基础底板。

（2）第二阶段：公寓和纯地下室区域地下连续墙、基础工程桩施工。主要工序及施工组织安排如下：

上述塔楼区域施工进入第3）项，并完成塔楼区域地下连续墙后，开始组织与安排公寓和纯地下室区域逆作法施工的前期准备工作。并随之安排3台液压抓斗、20台正循环钻机和潜水钻机进行公寓和纯地下室区域的地下连续墙、工程桩、立柱桩的施工。

1）公寓和纯地下室区域施工的前期准备。包括人员和设备等布置、场地清理、场地道路、临水临电等工作。

2）公寓和纯地下室区域地下连续墙施工。安排3台液压抓斗成槽，地下连续墙施工一台设备按二天一槽段进行计算，塔楼区域地连墙约74个槽段。

3）公寓和纯地下室区域内工程桩、立柱桩施工。安排20台正循环钻机和潜水钻机进行昼夜施工；本区域内的工程桩与立柱桩共1102根，一台设备按二天完成一根桩进行计算。

4）降水、疏干井施工。安排5台反循环钻机施工降水井。

本工程地下连续墙于2007年11月胜利完工，基坑开挖结果表明，经过精心施工后的地下连续墙围护结构，垂直度、接头间的渗漏密封性、墙体表面质量等情况均符合二墙合一的质量要求，津塔目前已完成主体结构封顶。

4.4　武汉长江隧道工程汉口段基坑地下连续墙施工案例

4.4.1　工程概况

武汉长江隧道工程是武汉轨道交通有限公司所投资兴建，江北段连续墙围护位于武汉市汉口北京路一带。RK2+329.948~581.337段基坑围护结构设计拟采用地下连续墙。按铁道部第四勘察设计院天津津塔工程基坑设计方案、设计图纸和招标文件，本工程选用地下连续墙作为周边的基坑围护结构兼永久使用阶段的地下室结构外墙。地下连续墙墙厚分别为600mm，混凝土强度等级为C30，抗渗等级S8。按里程划分本工程阶段内所包含的地下连续墙有7种，即A、B、C、D、E、F、G型，如表4-3所示：

各型号地下连续墙信息　　表4-3

型号	墙厚（mm）	深度（m）	混凝土标号	里程
A	600	16.5	C30（S8）	RK2+329.948~404.5
B	600	17.0	C30（S8）	RK2+404.5~509.369
C	600	18.0	C30（S8）	RK2+509.369~581.337
D	600	21.0	C30（S8）	RK2+581.337~621.646

续表

型号	墙厚（mm）	深度（m）	混凝土标号	里程
E	600	23.0	C30（S8）	RK2 +621.646 ~663.848
F	600	24.0	C30（S8）	RK2 +663.848 ~693.281
G	600	25.0	C30（S8）	RK2 +693.281 ~710.3

4.4.2 工程地质与水文地质情况

1. 工程地质

本工程所处地区地层结构为典型的二元地层结构，上部以软～可塑黏土为主，具有中等～中等偏高压缩性和较低强度特点，下部以中密～密实粉细砂层为主，呈中等～低压缩性～强度较好等特点。

2. 水文地质

场地地表下主要为长江水，根据勘察期间测试结果，长江江底标高在 -7.96～11.24m 之间，水深 3.76～22.96m（以长江面标高 15m 计）。根据所取长江的水文地质分析结果，长江对混凝土结构及混凝土结构中的钢筋无腐蚀性。对钢结构具有腐蚀性。

场地地下水主要有上部滞水、潜水、承压水三种类型，上部滞水主要赋存与人工填土层及第四系黏性土层中，其水量较小；潜水主要赋存与长江河床下的粉细砂、中粗砂层中。根据所取上部滞水、承压水的分析结果，场地地下水对混凝土结构及混凝土结构中的钢筋无腐蚀性，对钢结构具弱腐蚀性。

4.4.3 施工过程

1. 开工

本工程于 2007 年 11 月 12 日进场。进场后便开始与甲方进行协调，首先甲方的施工顺利是按跳抓法施工，根据现场的实际情况及我方多年的施工经验，我方第一时间阐述跳抓法的弊端，对方案进行了更进一步的优化。经过几天时间的准备，就立即投入地下连续墙的施工，2007 年 11 月 22 日 10：08 第一幅地下连续墙开始施工（见图 4-22）。

图 4-22　成槽机成槽图片

2. 施工进展（见图 4-23、图 4-24）

2008 年 1 月 4 日主线地下连续墙施工完毕。

2008 年 2 月 21 日 A 匝道地下连续墙施工完毕。2008 年 3 月 6 日 B 匝道地下连续墙施工完毕。

本工程共历时 3 个多月，共完成地下连续墙 132 幅，完成混凝土理论方量 8490.71m^3，实际方量 9186m^3。

图 4-23　钢筋加工场景

图 4-24　钢筋笼起吊场景

4.5 沈阳地铁二号线工业展览馆站地下连续墙围护结构施工案例

4.5.1 工程概况

沈阳地铁二号线工业展览馆站为地下三层双柱岛式站台车站，采用明挖法施工，其中地下一层为设备层，地下二层为站厅层，地下三层为站台层，车站主体建筑面积为 10584m²，车站总建筑面积为 11219m²。车站主体及风道围护结构均采用 800mm 厚的地下连续墙加钢管内支撑施工。地下连续墙深 41.3m，入土深度约 20.39m（地面标高 48m），地下连续墙底深入泥砾层为 1.0m（详见图 4-25）。

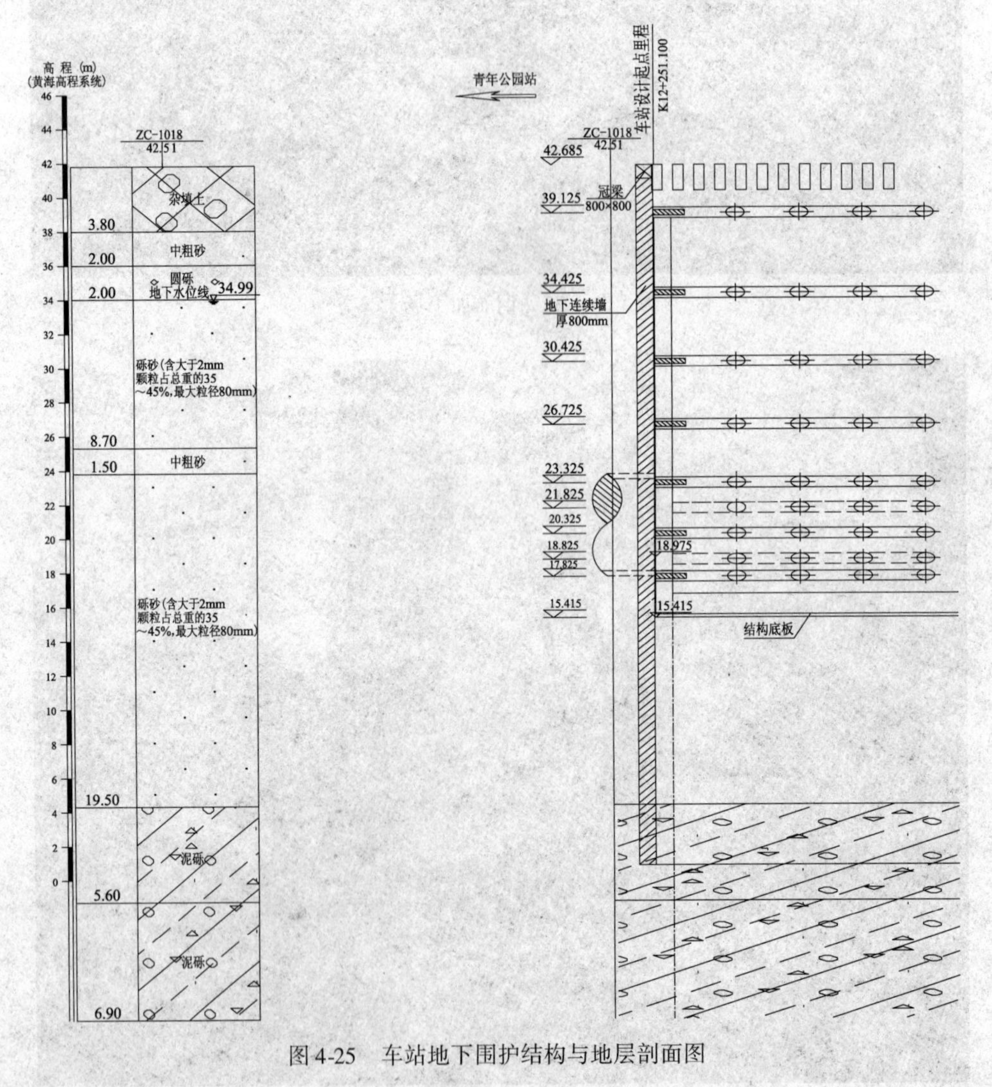

图 4-25　车站地下围护结构与地层剖面图

4.5.2 工程地质条件

该场地地基土主要由第四系全新统和更新统黏性土、砂类土及碎石类土组成。根据勘察报告本工程地质自上而下依次描述如下：

（1）第四系全新统人工填土层（Q_4^{ml}）

杂填土（①）：黑褐色、褐色，松散～中密，稍湿。主要由路面、碎石、混粒砂、黏性土及建筑垃圾组成，局部为素填土。该层分布连续，层厚1.70～4.00m，层底埋深1.70～4.00m，层底标高38.15～41.37m。

（2）第四系全新统浑河高漫滩及古河道冲积层（Q_4^{2al}）

粉质黏土（③-1）：黄褐色、灰褐色，硬塑～坚硬状态，稍湿～湿。局部为粉土。稍有光泽，干强度中等，韧性中等，无摇震反应。含氧化铁结核、云母、砂粒。该层分布不连续，仅在ZX1065孔有揭露，厚度0.80m，层底埋深3.20m，层底标高38.66m。

中粗砂（③-3）：黄褐色、褐色，稍密～中密，湿。混粒结构，矿物成分以石英、长石为主，黏粒含量5%。分布连续，厚度0.30～3.90m，层底埋深3.00～6.00m，层底标高36.15～39.87m。

砾砂（③-4）：黄褐色，稍密～中密，局部为稍密状态，湿～饱和，混粒结构，矿物成分以石英、长石为主。黏粒含量6%。含大于2mm颗粒占总重的35%～45%，最大粒径80mm。该层局部层位为圆砾或粗砂，含黏性土薄夹层，该层分布连续，层厚9.00～13.60m，层底埋深15.00～17.30m，层底标高24.86～27.15m。

圆砾（③-4-5）：黄褐色，中密状态，湿～饱和。颗粒不均，亚圆形，磨圆度较好。母岩以火成岩为主。最大粒径80.0mm。一般粒径2～10mm。含大于20mm颗粒占总重的20%～30%，充填30%左右的混粒砂。该层分布不连续，厚度0.80～4.40m，层底埋深8.00～13.50m，层底标高28.36～34.87m。

（3）第四系上更新统浑河老扇冲洪积层（Q_3^{2al-pl}）

粉质黏土（⑤-1）：棕黄色，锈黄色，橘黄色、黄褐色，可塑～硬塑，稍湿～湿。稍有光泽，干强度中等，韧性中等，无摇震反应。含氧化铁结核、云母、砂粒。该层分布不连续，仅在ZX1064孔出露，厚度1.30m，层底埋深16.30m，层底标高25.76m。

砾砂（⑤-4）：橘黄、浅黄色、黄褐色，中密～密实，湿～饱和，混粒结构，矿物成分以石英、长石为主，黏粒含量12%。含大于2mm颗粒占总重的35%～45%，最大粒径80mm。该层局部层位为圆砾或粗砂，含黏性土薄夹层，该层分布连续，层厚19.00～28.50m，层底埋深36.00～44.00m，层底标高－2.15～6.35m。

粉质黏土（⑤-4-1）：橘黄、浅黄色、黄褐色，可塑～硬塑，湿～饱和。稍有光泽，干强度中等，韧性中等，无摇震反应。含氧化铁结核、云母、砂粒。该层分布不连续，仅在ZC1023孔、ZX1058孔及ZX1059孔有揭露，厚度0.70～1.20m，层底埋深25.05～30.30m，层底标高12.00～16.94m。

中粗砂（⑤-4-3）：橘黄、浅黄色、黄褐色，中密，湿～饱和。混粒结构，矿物成分以石英、长石为主，黏粒含量5%。分布不连续，厚度0.70～4.00m，层底埋深21.40～31.00m，层底标高11.30～20.45m。

（4）第四系中更新统冰积层（Q_2^{gl}）

泥砾（⑦-1）：黄褐色、浅黄色，中密～密实状态，湿～饱和。颗粒不均，颗分结果以圆砾及砾砂为主，局部为粉质黏土。卵砾石有风化迹象，具弱胶结性，含土量较大。该层分布连续，厚度 4.00 ～ 7.20m，层顶埋深 42.00 ～ 49.10m，层顶标高 -7.15～0.36m。

泥砾（⑦-2）：黄褐色、浅黄色，密实状态，湿～饱和。颗粒不均，颗分结果以砾砂及粗砂为主，含砾石，局部为粉质黏土。砾石风化严重，具胶结性，含土量较大。该层分布连续，本次勘察未穿透该层，最大揭露厚度13.00m，层顶埋深42.00～49.10m，层顶标高-7.15～0.36m。

图4-26为车站基坑开挖后场内地层局部实物剖面图片。

图4-26 地层剖面图

4.5.3 场地水文地质条件

地下水赋存条件及水文地质特征

（1）地下水赋存条件与分布规律

本区段地下水类型第四系松散岩类孔隙潜水，主要赋存在中粗砂、砾砂及圆砾层中，主要含水层厚度30.2～30.9m。单井单位涌水量784.16m³/（d·m），属水量丰富区。

（2）地下水补、径、排条件

本区段地下水的补给来源主要为侧向径流。总体上由南东向北西径流，局部由于水源井的开采形成小范围的降落漏斗。主要排泄方式为人工开采（主要企事业单位自备井开采），次为侧向径流排泄。

（3）地下水动态特征

勘察期间水位埋深5.20～6.30m。据以前资料显示，区内地下水位一年有两次突升。一次在五月初因大伙房水库大量放水；另一次出现在七月末至八月初的主汛期，此时达到最高水位。九月下旬至翌年四月末，地下水位最低，地下水位年变幅约2m。

地下水位的动态变化还受地下水开采量的控制。当开采大于补给时，就会消耗含水层的储存量，引起地下水位下降。当丰水季节或丰水年地下水补给量大于开采量时，地下水位随之上升。

勘察期间实测地下水水温 11 ~13℃，为冷水。

4.5.4　工程施工特点

本工程地下连续墙施工特点主要有：

（1）场内地质条件复杂，在抓斗成槽深度范围内，约有 33.0m 的地层为砂卵砾石，其中含大于 2mm 颗粒占总重的 35% ~45%，最大粒径为 100mm。因此给成槽施工质量和施工进度带来极大困难。

（2）墙体深度大，最深为 43.5m，单一槽段灌注时间长，锁口管长度长，摩阻力大，起拔困难，需采用更大级别的顶升机。地下连续墙深度大，单位槽段钢筋笼自重大，钢筋笼的起吊和安放困难（见图 4-27）。

图 4-27　钢筋笼加工

（3）墙体上的预埋件多，且场内地下水丰富，因此要求地下连续墙的垂直精度高、槽段之间的密封性要求高，节点、预埋件的位置必须准确。因此单位槽段施工周期长，在如此复杂的地层条件下对槽壁的稳定性要求高。

4.5.5　地下连续墙施工

（1）导墙施工形式

因场区内土质条件较差，且连续墙深度较深、宽度较厚，混凝土强度等级较高，接头管在起拔过程中产生的阻力较大等因素，导墙埋深设计深度至坚实的原状土中 0.2 ~0.5m。导墙设计形式为常用的倒 L 形，现浇钢筋混凝土结构。导墙纵向、横向配筋采用螺纹钢筋 Φ16@ 200 双向，混凝土为 C25，详见图 4-28、图 4-29。

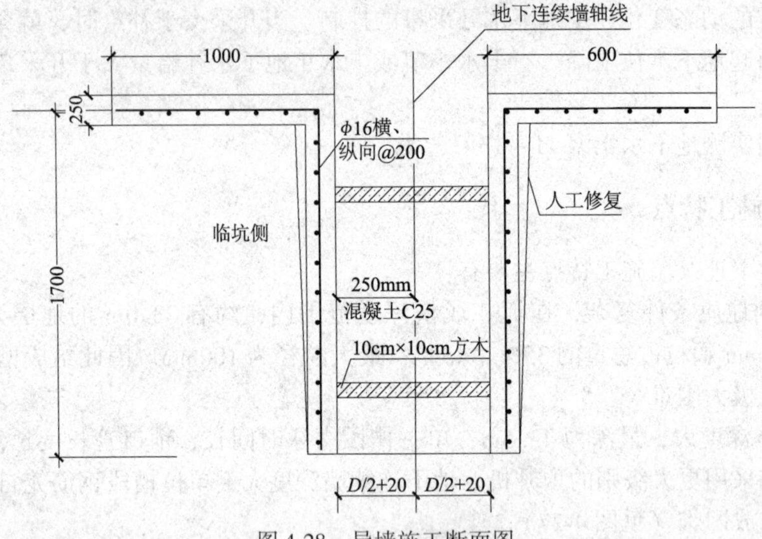

图 4-28　导墙施工断面图

图 4-29　导墙现场施工实景图

（2）槽段划分，根据本工程地下连续墙所选用的设备提升钢筋笼的能力、抓斗斗体的开度以及车站地下连续墙围护结构形状与大小，将本车站围护结构地下连续墙共划分为 64 个槽段，其中设 10 个角槽。为便于钢筋笼的制作和吊放，将角槽 E1、4、25、28 和 W3、24 及 N5、S5 分成 L 形钢筋笼。槽段划分见图 4-30。

（3）设备选用，本工程主体围护结构地下连续墙采用从意大利进口的二台 BH-12 液压抓斗进行成槽施工，BH-12 抓斗具有比目前国内使用的其他抓斗更优越的性能，特别在成槽精度控制方面，其精度控制可达到 1/300（见图 4-31）。在本工程施工中，采用了正常的三抓成槽方法，即先抓槽的两端后抓槽的中间土体。

针对本工程墙体深度大（最深为 43.5m），单位槽段钢筋笼自重大，钢筋笼的起吊和安放困难。单一槽段灌注时间长，锁口管长度长，摩阻力大，起拔困难，需采用更大级别的顶升机。我们选用了吨位为 150t 的日本神岗 7150 型吊车作为主吊，选用日本 LINK－BELTLS118 型吊车作为辅吊（见图 4-32、图 4-33）。

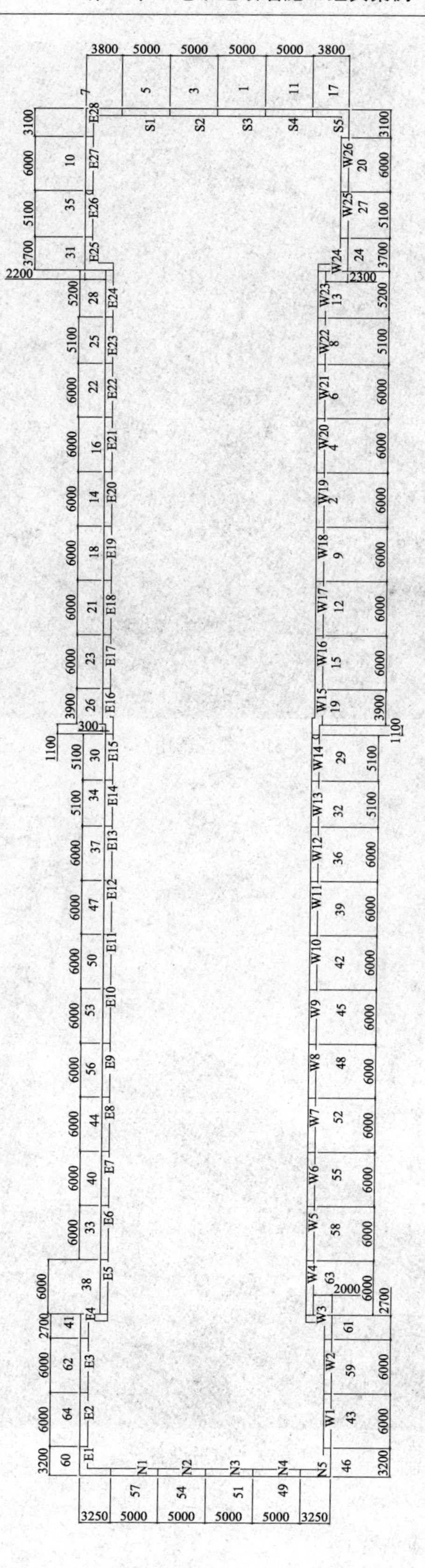

图4-30　槽段划分

图 4-31　设备选用

图 4-32　辅吊设备

图 4-33　钢筋笼吊装

（4）泥浆使用，由于地层条件比较复杂，防止泥浆流失，除采用优质膨润土之外，添加了 CMC 增黏剂，改善泥浆的护壁性能，减少泥浆在砂卵石地层中的流失。泥浆的基本配合比为水：膨润土：纯碱：CMC = 100：8：0.3：0.05。

对于新拌制的泥浆要定期对其进行质量控制试验（见图 4-34），由于砂土地层吸附泥浆较强，在泥浆实际使用过程中，泥浆性质维持时间较短，因此在施工中及时修整配合比，更换材料，同时通过多次沉淀净化，确保泥浆质量。

经泥浆性能检测，实践证明，在如此复杂地层中施工，槽段基本未出现大的塌方现象，确保了安全施工。

图 4-34　泥浆池及泥浆性能检测

（5）施工质量控制

为确保本工程的施工质量，特别是对于如此复杂地层的地下连续墙施工，对我公司来说也是一次突破性的挑战，为此除在人员安排上选用公司有经验的管理人员之外，在施工方面也做到了精心施工，无论从导墙施工到液压抓斗成槽，槽段施工过程检测等每一道工序，如锁口管下放、防混凝土浇流、防接头渗漏、接头刷泥、混凝土灌注、接头管顶升时间掌握等方面，如前施工专题中所述，均做到了精心、尽心施工，确保了工程质量。

槽段垂直度检测见图 4-35：

图 4-35　槽段垂直度检测

成槽前要测定槽口标高，以确定成槽深度。成槽过程中，做好地质记录，以核实设计是否符合地质情况，如发现问题，及时通知甲方和设计方。在施工中为保证成槽的垂直度，要严加控制垂直度和偏斜度，尤其是由地面至地下10m左右的初始阶段，挖槽精度对整个槽壁精度影响很大，采取每进尺3m，进行监测一次，做到随偏随纠。

4.5.6　施工工艺改进

在实际成槽施工中，采用了目前世界上比较先进的半导杆式液压抓斗BH-12进行施工，该抓斗垂直精度可达到1/300，但在该地层中，因地层中分布较大粒径的卵砾石，使得成槽垂直精度出现较大偏差，多次成槽结果，槽段终槽后偏斜大多在50cm左右，最大达60cm，对混凝土灌注与墙体质量造成了较大的质量问题，且大多出现“剪刀”叉状的偏差，给墙体间的接头密封出现较大隐患。为此我们在实际施工中，尝试地采用了旋挖钻进导引钻孔施工，解决地下连续墙槽段施工的垂直度问题。后通过采用每一抓两端施工导引孔后再抓槽，槽段偏斜控制在30cm以内，大多在20cm左右。明显减少了槽段偏斜，提高了槽段的垂直度。而且采用旋挖钻进入引孔后，由原52h成一槽缩短到28h成一槽，大大加快了施工进度。同时因槽段偏斜，造成下放接头管困难，发生混凝土绕流等现象也明显得到了减少，大大提高了墙体施工质量。前后二种施工工艺槽段的垂直度实测记录图参见图4-36、图4-37。

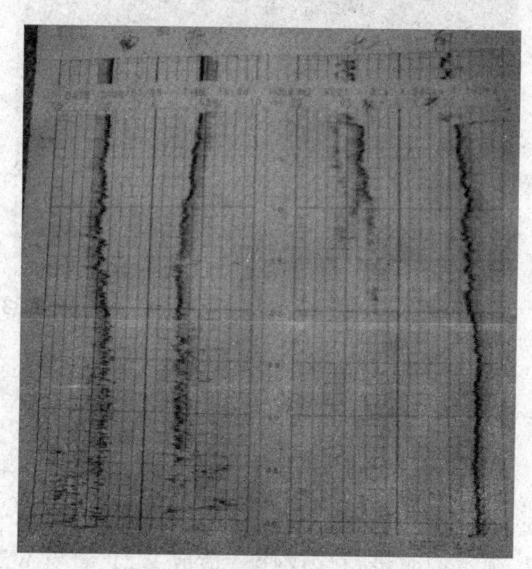

图4-36　采用抓斗施工的槽段偏斜测录图

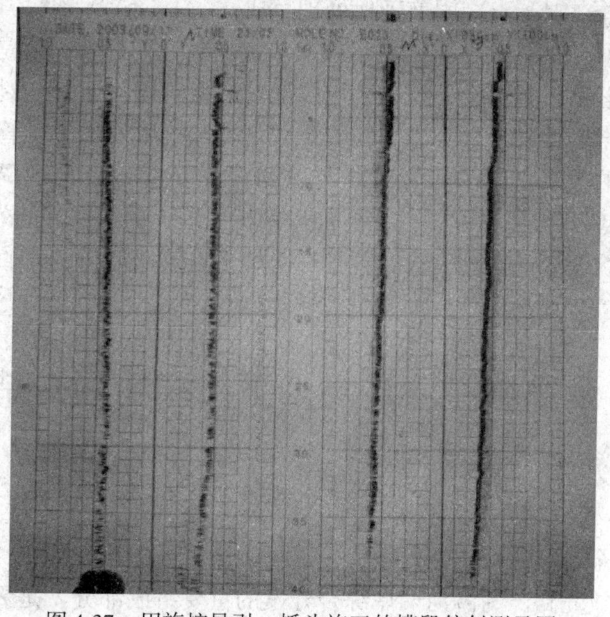

图4-37　用旋挖导引+抓斗施工的槽段偏斜测录图

4.5.7 施工成果

本工程地下连续墙于2008年12月5日胜利完工，车站基坑开挖结果表明，经过精心施工后的地下连续墙围护结构，垂直度、接头间的渗漏密封性、墙体表面质量等情况均符合基坑支护要求（基坑开挖施工参见图4-38）。

图4-38 基坑开挖施工

4.5.8 缺陷与事故处理

（1）接头管被埋事故处理，由于本工程地质条件复杂，在本工程施工初期，由于对复杂条件的认识不足和操作值班人员对机械设备性能缺乏了解，在顶升机起拔力未达到设备额定力时进行误操作，造成W21槽与W22槽接头，S5槽与W26槽接头处接头管没有来得及拔出来，结果造成接头管被埋事故的发生。在接头管被埋事故处理中，采用了振动与顶拔相结合的方式，并在混凝土凝固前确保处理完成。

（2）接头渗漏缺陷的处理，单元槽段接头接缝密封性的好坏，常是地下连续墙出现漏水的主要原因。一旦出现漏水，不仅影响周围地基的稳定性，而且会对开挖后的内砌施工带来困难，给主体结构带来渗入隐患。在本工程基坑开挖后发现，尽管本工程地下连续墙总体上取得了很好的效果，但在槽段W23与W24之间的接缝处出现局部渗漏水现象，为此采取了水泥-水玻璃双液浆堵漏，并在外加焊钢板处理，取得较好的效果。

本地铁车站基坑至今已开挖完成，开挖后对地下连续墙墙体的垂直度、平整度、接头渗漏水等情况进行综合评价，各方面质量均非常好。

4.6 天津市金融城津湾广场地下连续墙围护结构施工案例

4.6.1 工程概况

津湾广场作为金融城的标志性区域，坐落于天津市区的核心部位，东临赤峰道，北临海河堤岸，西临解放北路，为海河两岸综合开发的重要组成部分，是天津市中心城区建设中塑造的区域空间景观，见图4-39。津湾广场工程分两期进行建设。一期工程占地面积约

4.6 万 m^2，地上建筑面积约 9.5 万 m^2，地下建筑面积约 7.5 万 m^2，由五座地上商业建筑体及地下商业街共同组成，并设有开放式广场及沿海河湾亲水平台。

津湾广场一期工程汇集了剧场、影院、高端餐饮娱乐、时尚购物中心等业态，将打造成富有高雅时尚文化气息的国际化商业聚集区。具体分为五大空间：精致休闲空间，以高端消费展示中心、商务休闲餐饮为主；都市活力空间，以高端商务餐饮、商务俱乐部为主；魅力视听空间，建设津湾时代剧场，主演大型歌舞剧；时尚娱乐空间，以高端酒吧、咖啡厅、高档西餐厅、休闲 KTV 为主；欢乐时光空间，以影院、时尚购物、餐饮娱乐为主。

津湾广场二期工程为高端商务区，占地面积约 7.9 万 m^2，其中地上建筑面积约40 万 m^2，包括高级商务办公写字楼、高级公寓、酒店、高档零售业及高端会议中心。

落成后的津湾广场，将成为以高端商务为核心的现代商务、商业聚集区。沿海河由北向南分为三个层次塑造城市空间：第一层次为沿河多层建筑，建筑平均层数为 4 层。建筑体量及尺度为解放北路现有建筑的延伸；第二层次为一幢 18 层建筑及青年宫组成，建筑高度在 90m 左右；第三层次分别由 3 幢 150m、180m 和 230m 的超高层建筑组成。

图 4-39 津湾广场效果图

由于工程浩大、工期紧迫，拟分期实施，先实施具备施工条件的一期工程，为上述第一层次的靠近海河的沿街商业建筑及地下广场，位于 5 号、6 号及 7 号地的一部分。

一期工程地上部分多为 4 层框架结构，地下设置 2 层地下室，地下广场部位为地下 4 层。二期工程为超高层建筑，地下 4 层，为一期工程之间紧密相连，其结构为一整体。一期 E 标段工程 ±0 标高相当于大沽高程 4.0m，地下室部分采用地下连续墙及灌注桩围护，地下连续前兼作建筑物地下室的外墙，为“二合一”结构。地下连续墙槽宽 1.0m，共有 28 个槽段，有两个异型槽段，分别为“T”形和“L”形，其余均为“一”字形槽段，总长度为 151.4m。为防止地下连续墙接头部位漏水，在其接头部位进行封堵，在地下连续墙内外两侧接头部位施打二重管高压旋喷桩，具体方案另详。

4.6.2 施工主要内容与工作量

E 标段地下连续墙围护结构共分为 28 个槽段，其主要工作量见表 4-4：

津湾广场二期 E 标段地下连续墙工作量　　表 4-4

序号	墙类型	墙厚（mm）	墙深（m）	槽宽（m）	槽段数量（个）	工程量（m^3）
1	1b1	1000	43	5.6	20	4872
2	1b1	1000	43	4.8	3	626.4
3	1b2（L形）	1000	43	4.0（总长）	1	174
4	1d	1000	43	5.6	3	730.8
5	2b3	1000	43	4.2（总长）	1	182.7
6	总量	1000	43		28	6585.9

4.6.3 施工平面布置

根据天津市建筑设计院提供提供的设计图纸及我单位的现场勘测，并在甲方许可的情况下，按地下连续墙施工对场地的要求，施工区设置钢筋网片加工场、“工”字形钢板加工场地、材料堆放场及泥浆池、渣土堆放场地、钢筋网片起吊设备行走道路等施工所需的基本场地；由于场地内存在大量未完拆迁建筑物，给场地布置带来很大影响。为满足本工程施工场地要求，对本工程现场进行详细规划与安排，并根据实际拆迁进度对现场布置作出部分调整（详细场地布置情况参见图 4-40）。

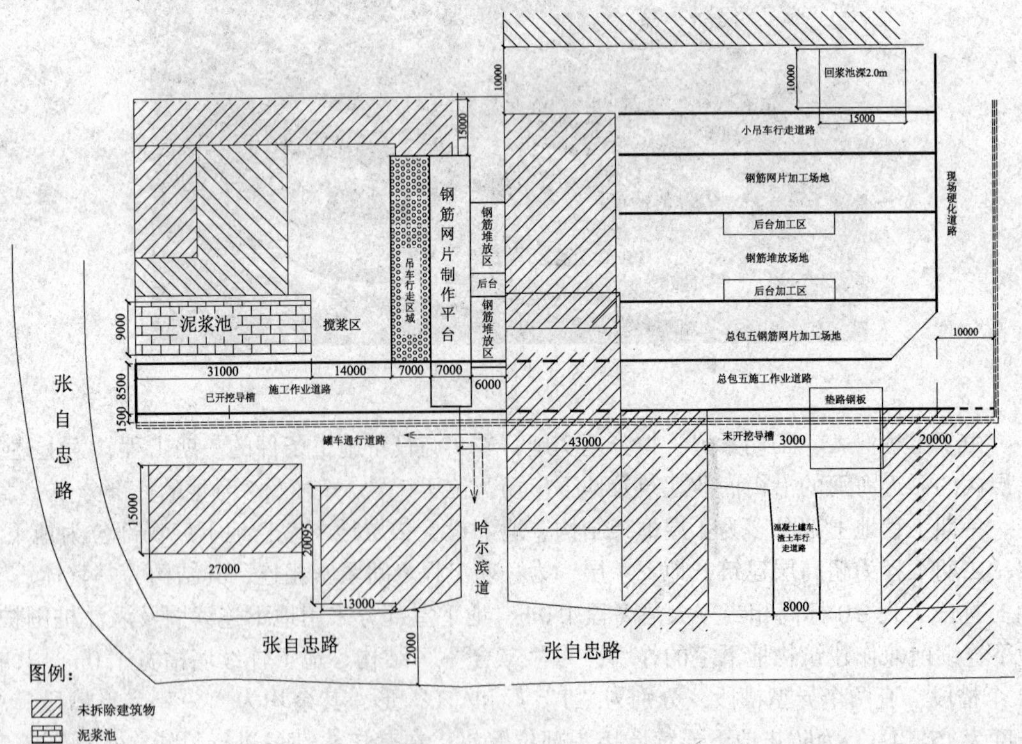

图 4-40　场地布置平面图

场地硬化包括钢筋网片加工平台、现场通道及部分现场施工地面。硬化材料采用C20混凝土，通道厚度为20cm，钢筋加工平台厚度10cm。硬化场地必须平整，以满足吊装设备行走及网片加工的要求。为此根据现场实际情况对施工现场进行如下布置：

（1）因本工程场地狭小，但为了满足大型起吊设备在场地内的行走，根据现场情况要求沿地下连续墙西侧施工区域设置宽度为10m的直行道路，铺20cm厚C20混凝土。

（2）钢筋网片加工场地设置在现场的西北侧，要求现场北侧及地下连续墙施工区域中间场地房屋及电线、电缆的及时拆除。在钢筋加工场地区域内采用10cm厚C20混凝土进行硬化，保证硬化后加工场地的稳定性和平整度。平台留置大小根据钢筋网片的大小，钢筋加工平台尺寸大小45m×10m大小。需要吊车旋转半径大于20m的空间。

（3）为了方便施工，在不影响施工机械行走的前提下，在场地范围内因地制宜合理布设一个泥浆搅拌系统及一个钢筋加工下料场地及材料堆放场地、渣土存放场地。泥浆池系统包括一座回浆池、一座泥浆储存池和一座新鲜泥浆储存池。场地内设置泥浆沉淀池将废浆汇入沉淀池内。设置一个钢筋网片加工场地和工字钢加工场，同时考虑了钢筋材料堆放、电焊机、钢筋加工设备等所需要的场地要求。根据地下连续墙槽段划分平面图，现场钢筋笼起吊设备行走通道为直通道，沿地下连续墙槽边的西侧，铺设20cm厚C20混凝土，尺寸大小150m长×10m宽。

4.6.4 地下连续墙施工

（1）导墙形式

由于本场地上部地层主要是回填土，且本工程墙厚、深，墙体槽段间采用型钢接头，钢筋笼重量大，因此为提高导墙自身稳定性和承载力，导墙设计形式采用“］［”形，为保证施工顺利进行，内外导墙宽度拟为墙厚+40mm，挖至原状土，深度不小于2.0m，其中心线与地下连续墙中心线重合。导墙结构形式见图4-41，导墙施工现场见图4-42。

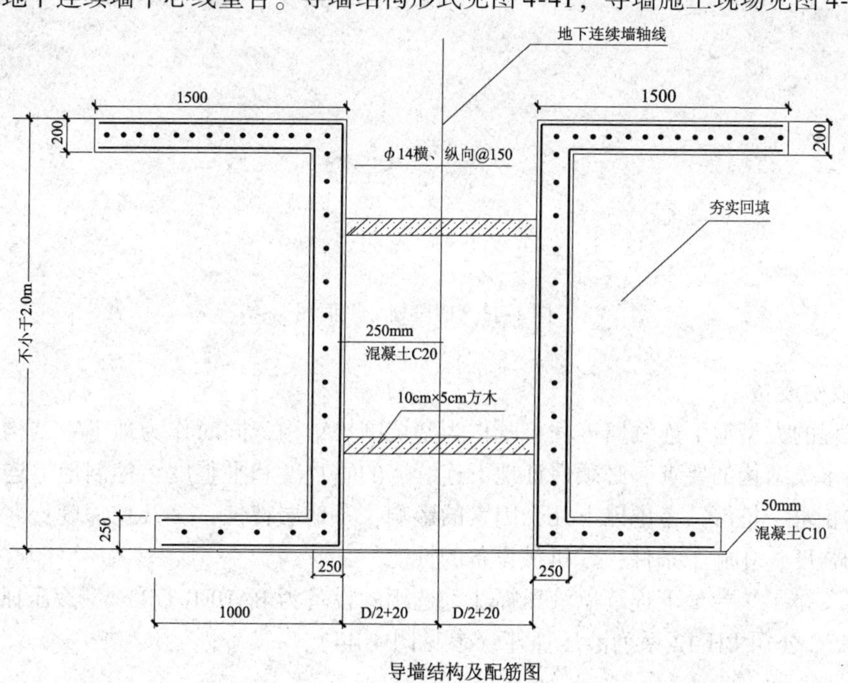

图4-41 导墙结构形式

图 4-42　导墙施工现场

（2）槽段划分和成槽

1）槽段划分

本工程拟采用 5.6m 幅宽为一个标准槽段，个别调节槽段长度不同于标准槽段。本工程共分为 1b1、1b2、1d、2b3 四种槽段，详见图 4-43 槽段划分平面图。

图 4-43　槽段划分平面图

2）成槽设备

本工程的大型地下连续墙工程，既作为基坑围护结构，同时作为地下室结构外墙。施工要满足永久结构的要求，必须保证地下连续墙的垂直度和平整度，控制地下连续墙沉降以及墙体止水、抗渗。考虑以下几个因素的影响：①地层特性；②开挖深度；③地下连续墙厚度和强度；④施工条件；⑤机械设备的性能。

因此安排了 2 台地下连续墙液压抓斗，选用的设备为 BAUER GB34 型液压抓斗和意大利 SOILMEC 公司 BH-12 系列液压抓斗（参见图 4-44）。

图 4-44　选用的成槽设备

同时考虑到本工程地下连续墙接头采用型钢刚性接头，一扇钢筋笼重约 45.0t，因此在吊车设备选型上采用了一台 200t 履带吊车、一台 80t 履带吊车配合起吊钢筋笼进行施工。

4.6.5　施工成果

本工程地下连续墙于 2008 年 12 月 5 日胜利完工，基坑开挖结果表明，经过精心施工后的地下连续墙围护结构，垂直度、接头间的渗漏密封性、墙体表面质量等情况均符合二墙合一的质量要求（基坑开挖施工图见图 4-45）。

图 4-45　基坑开挖施工图

参 考 文 献

[1] 丛蔼森．地下连续墙的设计施工与应用．北京：中国水利水电出版社，2000.10.
[2] 史佩栋，高大钊，桂业琨．高层建筑基础工程手册．北京：中国建筑工业出版社，2000.8.
[3] 黄强等．注册岩土工程师专业考试复习教程．北京：中国建筑工业出版社，2002.8.
[4] 刘建航，侯学渊．基坑工程手册．北京：中国建筑工业出版社，1997.4.